AUDIO

Mit der unten stehenden Internetadresse könnt ihr die Stimmen von 85 Vögeln aus diesem Buch anhören und downloaden. Die Rufe und Gesänge ähnlich aussehender Vogelarten unterscheiden sich und sind bei der Bestimmung hilfreich.
Gebt diese Adresse in den Internet-Browser ein:
http://www.dk-verlag.de/Voegel-in-Europa

Dieses Symbol befindet sich bei den Vogelarten, deren Rufe und Gesänge man sich anhören kann.

Die Daten zum Anhören und Downloaden werden browserbasiert zur Verfügung gestellt. Alles was benötigt wird, ist eine Internetverbindung. Die Anwendung ist unabhängig vom Betriebssystem und Endgerät nutzbar.

Chris Packham

VÖGEL beobachten

und ihre Lebensräume kennenlernen

Chris Packham

VÖGEL beobachten

und ihre Lebensräume kennenlernen

DK

Inhalt

Einführung 6

Ausrüstung und Geländeeinsatz 8

Was man braucht 10
Geeignete Kleidung 12
Beobachtungshütten 14
Fernglas-Typen 16
Das passende Fernglas 18
Benutzung des Fernglases 20
Geländeeinsatz des Fernglases 22
Auswahl eines Spektivs 24
Benutzung eines Spektivs 26
Wahl der Fotoausrüstung 28
Vögel fotografieren 30
Digitale Hilfsmittel 34
Die Beobachtungsgabe schulen 38

Über Vögel 40

Die Vögel haben Vorrang 42
Vögel bestimmen lernen 44
Körperbau eines Vogels 46
Färbung und Muster 50
Warum Vögel ihr Aussehen verändern 52
Gefiederpflege 56
Zweckmäßige Form 58
Die Sinne von Vögeln 60
Bestimmung fliegender Vögel 62
Welche Vögel bilden Schwärme und warum? 64
Schlafgemeinschaften 66
Rufe, Gesänge und mehr 68
Warum Vögel singen 70
Gesang und Rufe erkennen 72
Einen Partner finden 74
Nester und Nistplätze 76
Jungenaufzucht 78
Nahrung finden 80
Wo fliegen sie hin? 82
Verräterische Hinweise 84

DK | Penguin Random House

DK London
Lektorat Liz Wheeler, Jonathan Metcalf, Angeles Gavira
Gestaltung und Bildredaktion Karen Self, Michael Duffy, Sumedha Chopra
Herstellung Andy Hilliard, Meskerem Berhane
Produziert für DK
Lektorat Stephanie Farrow
Gestaltung Ali Scrivens
Illustrationen Phil Gamble, Ali Scrivens
Text Rob Hume

Für die deutsche Ausgabe:
Projektbetreuung Manuela Stern
Herstellungskoordination Claudia Rode
Herstellung und Covergestaltung Sophie Schiela

Titel der englischen Originalausgabe:
Chris Packham's Birdwatching Guide

Vögel anlocken **86**
Eine vogelfreundliche Umgebung schaffen 88
Futterstellen und Nisthilfe 90
Auswahl der Pflanzen 92
Versorgung mit Wasser 94

Lebensräume **96**
Lebensräume von Vögeln erkunden 98
Gärten und Balkone 100
Vögel in Gärten 102
Parks und Parkteiche 104
Vögel in Parks und auf Parkteichen 106
Städte und Ödland 108
Vögel in Städten und auf Ödland 110
Felsküsten, Klippen und offenes Meer 112
Vögel an Felsküsten, Klippen und auf See 114
Sandstrände 116
Vögel der Sandstrände 118
Flussmündungen 120
Vögel an Flussmündungen 122
Fließgewässer 124
Vögel an Fließgewässern 126
Süßwasser-Feuchtgebiete 128
Vögel in Feuchtgebieten 130
Seen, Stauseen und Kiesgruben 132
Vögel an Seen, Stauseen und Kiesgruben 134
Felder, Wiesen und Hecken 136
Vögel der Felder, Wiesen und Hecken 138
Wälder und Gehölze 140
Vögel der Wälder und Gehölze 142
Heide, Magerrasen und Gebüsche 144
Vögel der Heide, Magerrasen und Gebüsche 146
Gebirge und Moore 148
Vögel der Gebirge und Moore 150

Glossar 152
Nächste Schritte 154
Register 155
Dank und Bildnachweis 159

Übersetzung Andreas Held
Lektorat Dr. Ruthild Kropp

ISBN 978-3-8310-4994-3
5902-336924-23768-01

Druck und Bindung Leo Paper Products, China

MIX
Papier | Fördert gute Waldnutzung
FSC www.fsc.org FSC® C018179

www.dk-verlag.de

Cover
Vorn: Silberreiher
Hinten:
Oben von links nach rechts: Feuchtgebiet, Sterntaucher, Sperber, Seidenreiher
Unten von links nach rechts: Graureiher, Blaumeise
Buchrücken: Buntspecht

Einführung

Manchmal ist es nur ein flüchtiger Anblick, der das Herz höher schlagen lässt – ein aufblitzendes Blau, ein Flügelschlag, ein Schwanzwippen oder das Glitzern eines Auges.

Es kann fast so aufregend sein, einen Vogel *beinahe* gesehen zu haben, wie von Angesicht zu Angesicht: eine Feder zu finden, die belegt, dass eine scheue Art hier vorkommt, oder einen Gesangsschnipsel aufzuschnappen und zu rätseln, von wem dieser wohl stammt. Natürlich gibt es auch Vögel, nach denen man ein Leben lang vergeblich Ausschau hält, egal wie oft man deren Zuhause am Waldrand aufsucht. Der Zauber einer besonderen Rarität sollte uns aber nicht davon abhalten, die Schönheit der alltäglichen Edelsteine vorm Haus oder an der Futterstelle wahrzunehmen. Nicht zu vergessen die pure Verzückung über das Abendlied einer Amsel, das Schimmern eines Staren-Flügels oder das beruhigende Gurren einer Taube. Aber nicht nur Aussehen und Gesang der Vögel befeuern unsere Faszination, sondern auch ihr Verhalten. Vogelkunde kann äußerst spektakulär sein – wie Vögel ziehen, wie sie ihre Eier markieren oder Nahrungsverstecke wiederfinden. Es gibt noch so vieles zu lernen!

Für mich sind Vögel das Beste im Leben und dieses Buch soll euch Wege aufzeigen, das ebenfalls so zu empfinden. Egal wo wir leben, können wir tagtäglich Vögeln begegnen – aber viele nehmen sich nicht die Zeit, sie zu *beobachten*, statt nur zu sehen, und ihnen zu *lauschen*, statt sie nur zu hören. Welch vergebene Chancen, all diese Wunder der Natur zu erleben! Dabei müssen wir nur stehen bleiben und uns darauf einlassen. Dazu muss man weder Experte sein noch ein teures Fernglas besitzen oder an einem Schutzgebiet wohnen. Man benötigt lediglich etwas Geduld, Neugier und vielleicht ein Smartphone zur Artbestimmung. Die Belohnung dafür ist ein Moment der Freude, aber vielleicht wird daraus auch eine lebenslange Leidenschaft – beides kostet nichts. Man braucht keine Eintrittskarte, muss nicht Schlange stehen und benötigt keine Qualifikation. Ein Leben mit Vögeln bietet eine ganze Welt voll purer Freude!

Ausrüstung und Geländeeinsatz

Wohl kaum ein Mensch hat nicht schon einmal einen Vogel gesehen. Hier wird aufgezeigt, wie man Vögel darüber hinaus bewusst wahrnehmen und ihr Verhalten beobachten kann – und sich dabei restlos in sie verlieben!

Für alle möglich
Vögel zu beobachten ist ein universeller Zeitvertreib, dem man direkt vor der Haustür nachgehen kann und der nichts oder nur wenig kostet – lediglich etwas Geduld.

Was man braucht

Die einzig nötige Investition zur Vogelbeobachtung ist etwas Zeit. Jegliche anderen Fähigkeiten und angeschaffte Ausrüstung vertiefen natürlich das Erlebnis, am wichtigsten jedoch ist Geduld.

Der Einstieg in die Vogelbeobachtung

In diesem Kapitel werden einige einfache Fertigkeiten beschrieben, die helfen können, die eigenen Vogelbeobachtungen bestmöglich zu optimieren. Es erläutert erste Schritte zum Kauf von Ausrüstung, mit der sich das Erlebnis noch steigern lässt. Man sollte sich nicht von der Vorstellung abschrecken lassen, dass teure Ferngläser, Kameras oder Tarnkleidung nötig sind. In vielen Fällen kommt es nicht darauf an, was man hat, sondern wie man es einsetzt. Häufig gibt es einfache und relativ günstige Möglichkeiten, wie man etwas schon Vorhandenes, z. B. ein Smartphone, in ein Hilfsmittel zur Vogelbeobachtung umfunktionieren kann. Sofern man aber etwas investieren möchte, bietet das Kapitel einen Überblick über die Optionen und erleichtert die Kaufentscheidung.

Tor zu einer faszinierenden Welt

Man benötigt nicht nur wenig Ausrüstung, man muss auch nicht viel Zeit aufwenden oder Reisen unternehmen, um die nötigen Fertigkeiten zu erlernen. Egal wo man wohnt, sehr wahrscheinlich gibt es in der Umgebung Vögel, denn diese können in allen Lebensräumen leben. Die grundlegenden Beobachtungsmethoden lassen sich im eigenen Garten oder im Park üben. Damit ist man bestens vorbereitet, wenn man Naturschutzgebiete der Umgebung oder weiter entfernte Gebiete besuchen möchte. Die Tipps helfen auch, sich in neuem Gelände zurechtzufinden und tiefer in die wunderbare Welt der Vogelbeobachtung vorzudringen. Je mehr man lernt, desto mehr wird man sehen, und je mehr man sieht, desto mehr wird man lernen wollen.

An selbst angelegten Futterstellen kann man üben, verschiedene Arten zu erkennen.

Vögeln näher kommen
Man kann sich zu den Vögeln hin begeben, sie aber auch zu sich nach Hause locken.

Geeignete Kleidung

Hierzu gibt es zum Glück keine Regeln, es ist keine spezielle Bekleidung erforderlich. Am besten sollte sie einfach der Witterung angemessen sein. Sich ruhig zu verhalten ist wesentlich wichtiger als Tarnkleidung.

Sich vor Vögeln zu verbergen ist unmöglich

Mit ihrem ausgezeichneten Sehvermögen bemerken Vögel einen Menschen schneller als umgekehrt. Sich möglichst ruhig und unauffällig zu bewegen ist daher viel zweckdienlicher, als spezielle Tarnkleidung zu tragen. Leuchtende Farben verscheuchen Vögel nicht, wohl aber laute Geräusche und unvorhersehbares Verhalten. Laut raschelnde Kleidung ist verräterisch und daher ungeeignet. Tarnkleidung im Militärstil ist nicht erforderlich, aber es ist angeraten, Farben zu meiden, die aus der Umgebung hervorstechen, wenn man zum Fotografieren nahe genug herankommen möchte. In erster Linie sollte man praktisch und pragmatisch denken, statt sich mit Spezialausrüstung auszustatten – insbesondere, wenn man Vogelbeobachtung als Familie betreibt. Kinder entwachsen Funktionskleidung sehr schnell, weshalb man diese am besten gebraucht kauft – das ist nicht nur billiger, sondern auch umweltschonender und nachhaltiger. Als verantwortungsvoller Verbraucher sollte man zudem darauf achten, dass bei der Fertigung keine umweltschädlichen Chemikalien verwendet wurden.

Wettergemäße Kleidung

Wichtig ist, dass die Kleidung trocken hält und bequem ist. Am sinnvollsten wählt man Kleidung und Schuhwerk entsprechend des Wetters und des Geländes aus. Nutzt man bei niedrigen Temperaturen ein Fernglas oder Spektiv, sollte man Handschuhe tragen, vielleicht am besten solche, mit denen man auch einen Touchscreen bedienen kann. Große Taschen an der Kleidung sind von unschätzbarem Wert, denn sie bieten bequemen Zugriff auf Smartphone, Bestimmungsbuch, Getränke und Snacks.

Mit einer Schildkappe wird man nicht geblendet.

Kopfschutz
Eine Kopfbedeckung schützt vor Sonne wie auch vor Kälte.

Leise sein
Um Vögeln möglichst nahe zu kommen, greift man vielleicht zu unauffälligen, gedeckten Farben. Viel wichtiger ist es aber, sich bedächtig und so geräuschlos wie möglich zu bewegen.

Beobachtungshütten

Beobachtungshütten bieten Schutz, gute Ausblicke über interessante Lebensräume und die Möglichkeit, Vögel störungsfrei aus der Nähe zu beobachten. Außerdem trifft man hier oft auf Gleichgesinnte.

Beobachtung aus dem Versteck

Beobachtungshütten sind befestigte Unterstände, aus denen heraus man Vögel ganz aus der Nähe beobachten kann, ohne sie zu verscheuchen. Die Vögel nehmen einen zwar wahr, wissen aber, dass ihnen keine Gefahr droht. Daher fühlen sie sich sicher und verhalten sich entsprechend. Meist haben solche Hütten Sitzbänke, Fenster mit klappbaren Läden und eine Ablage. Sie bieten oft Sitzplätze für 10–20 Personen sowie weitere Stehplätze dahinter. Durch Aufenthalte in Beobachtungshütten kann man viel über Vogelbeobachtung lernen, seine Beobachtungsgabe schulen und Erfahrung bei der Bestimmung von Arten erwerben.

Verhaltensregeln

Ein solches Versteck bietet auch die Gelegenheit, Gleichgesinnte zu treffen, von denen man viel lernen kann. Die Vorteile dieser Gemeinschaft sollte man wahrnehmen. Manchmal gibt eine Informationstafel Auskunft über die aktuellsten Sichtungen, nach denen man Ausschau halten kann. Regelmäßige Besucher teilen sicher gern ihre Kenntnisse der Örtlichkeit,

Versteckspiel
Wenn man in einem Versteck sitzt, werden die Vögel einen meist völlig ignorieren und man kann sie von Nahem beobachten.

aber man sollte bei den Gesprächen Rücksicht auf andere nehmen, die vielleicht angestrengt versuchen, die Vogelstimmen zu erkennen.

Sind mehrere Personen mit Stativen anwesend, können sich die vielen Beine in die Quere kommen. Bei viel Betrieb nimmt man also besser Kamera oder Spektiv vom Stativ ab, legt dieses beiseite und benutzt stattdessen eine Schraubzwinge oder einen Bohnensack als Stütze (*siehe S. 26–27*). Hat man durch die Linse etwas Interessantes entdeckt, sollte man anderen anbieten, mal durchzuschauen, damit auch sie wenigstens einen kurzen Blick erhaschen können, bevor der Vogel wegfliegt.

Und man sollte sich nicht scheuen, Fragen zu stellen, schließlich befindet man sich in Gesellschaft gleichgesinnter Vogelfreunde!

Eine Hütte bietet kein wirkliches Versteck vor Vögeln, aber diese wissen dann, wo man ist.

Nischen unter den Fenstern erlauben Rollstuhlfahrern besseren Zugang.

Uneingeschränkter Zugang
Viele Verstecke kann man rollstuhlgerecht über Rampen erreichen und manche Fenster sind besonders niedrig angebracht.

Fernglas-Typen

Ferngläser vergrößern das Gesehene und bringen einen näher ans Geschehen. Es gibt eine riesige Auswahl und man sollte sich Zeit nehmen, um das für sich Geeignete zu finden. Am besten vor dem Kauf ausprobieren!

Die Optionen ausloten

Bei Ferngläsern gibt es eine große Bandbreite: von kleinen Kompaktmodellen bis zu schweren mit starker Vergrößerung. Viele sind durch Gummierung oder wasserdichte Gehäuse geschützt. Die Linsen sind zur Reduktion von Reflexen und ein klareres Bild gewöhnlich vergütet.

Weil Fernglasobjektive das Gesehene normalerweise auf dem Kopf stehend abbilden, enthalten sie Prismen, die das Bild wieder umkehren. Diese können auf zwei Arten angeordnet sein: entweder in moderner Dachkantbauweise, die teils recht teuer, aber leicht und robust ist und zum Schutz vor der Witterung eine Innenfokussierung hat, oder in der traditionellen Porroprismen-Variante. Die leistet gute Dienste, ist aber meist unhandlicher, schwerer und fragiler. Am besten probiert man einfach aus, welches Modell dem Geldbeutel und den eigenen Anforderungen besser entspricht. Man muss abwägen zwischen Anwendungsfreundlichkeit und Vergrößerung einerseits sowie Gewicht und Preis andererseits. Gebraucht findet man vielleicht auch eines, das bei Neukauf über dem Budget läge.

Der Kauf eines gebrauchten Fernglases schont den Geldbeutel wie auch die Umwelt.

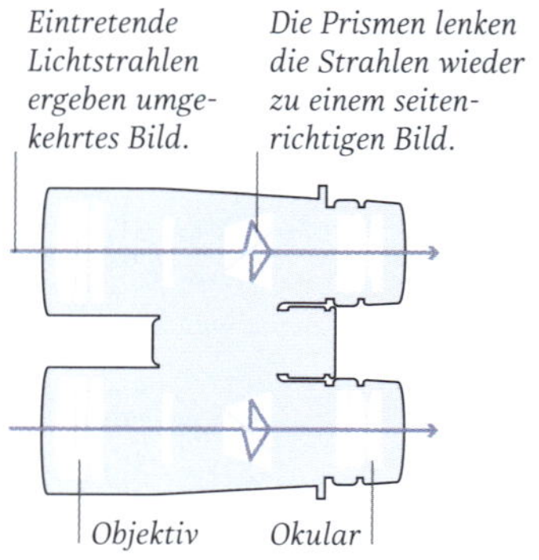

Dachkantprismenglas
Vergleichsweise leicht und unkompliziert in der Handhabung, mit kompakter, gerader Form.

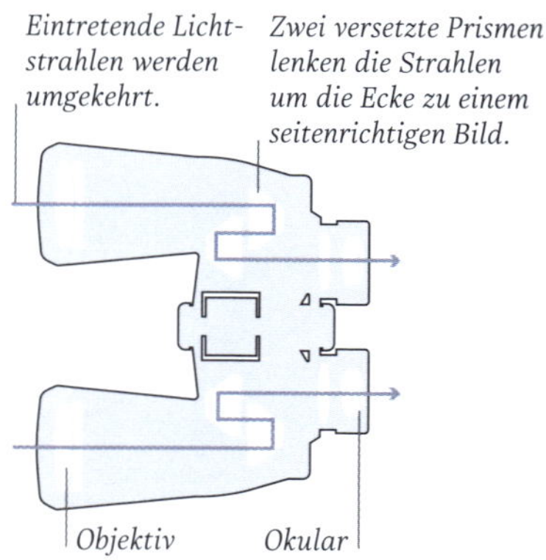

Porrofernglas
Da die Objektive weiter auseinander liegen als die Okulare, ergibt sich eine »stufige« Form.

Entferntes ganz groß
Ferngläser müssen leicht sein, einfach zu handhaben und gut funktionieren – vor allem, wenn auch Kinder Spaß an der Beobachtung haben sollen.

Das passende Fernglas

Wenn man sich für die am passendsten erscheinende Bauweise entschieden hat, gilt es, den perfekten Kompromiss zwischen Vergrößerung, Lichtstärke und Preis zu finden. Die besten sind teuer, aber es gibt auch viele gute, relativ günstige Modelle.

Was bedeuten die Zahlen?

Ferngläser werden durch zwei Zahlen gekennzeichnet, z. B. »8×30« oder »10×50«. Die erste Zahl bezieht sich auf die Vergrößerung, in diesem Fall also 8- bzw. 10-fach. Zur Vogelbeobachtung eignet sich alles zwischen 7- und 12-fach, am besten ist wohl 8- oder 10-fach. Die zweite Zahl bezeichnet den Objektivdurchmesser (in Millimetern).

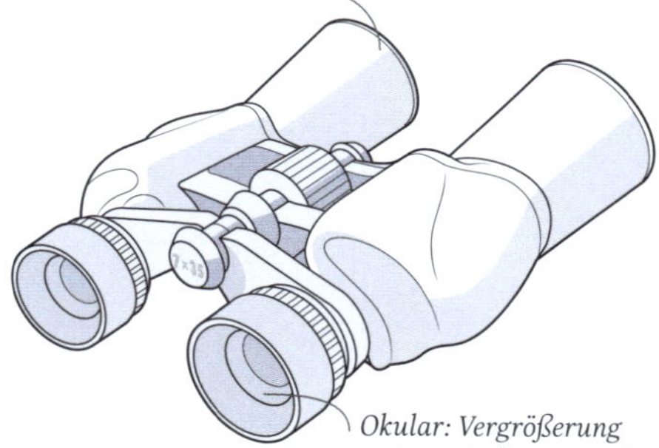

Lichtstärke

Bei größeren Objektivlinsen ist der Lichteinfall höher und das Bild somit heller. Deshalb erscheint es bei 7×50 heller als bei 7×30. 7×50 ist jedoch heller als 10×50, weil die Lichtstärke von der Größe der Austrittspupille abhängt, das ist das Strahlenbündel im Okular, das auf das Auge trifft. Je höher der Wert der Austrittspupille, desto heller wird das Bild. Um diesen Wert zu ermitteln, teilt man den Objektivdurchmesser durch die Vergrößerung.

$$\frac{50}{7} = 7{,}1\,\text{mm}$$

Die Qualität moderner Prismen, Linsen und Vergütungen kann die Werte der Austrittspupille aber erhöhen. Die besten Ferngläser liefern trotz kleiner Austrittspupille ein äußerst helles, klares und sehr scharfes Bild. Am besten probiert man verschiedene Modelle aus und vergleicht sie.

Eine Austrittspupille von 7,1 mm (7x50) lässt viel Licht einfallen und liefert ein helles Bild.

Eine Austrittspupille von nur 5 mm (10x50) sammelt weniger Licht, das Bild erscheint dunkler.

Größe oder Lichtstärke?
In vielen Situationen ist die Lichtstärke nicht entscheidend, bei trübem Wetter, an Winternachmittagen oder tief in einem dunklen Wald ist ein helleres Bild aber Gold wert.

Relative Vergrößerung

Im Idealfall möchte man natürlich eine möglichst große Ansicht. Dabei ist aber zu bedenken, dass es bei höherer Vergrößerung wegen der Eigenbewegung immer schwieriger wird, ein ruhiges Bild zu erhalten – trotz der Stabilisierungssensoren mancher Modelle. Eine höhere Vergrößerung bedeutet auch ein kleineres Sichtfeld: Man sieht also nur einen engen Ausschnitt der Umgebung. Das ist toll, um einzelne Vögel genau zu beobachten, das größere Sichtfeld lässt einen diese aber einfacher finden. Zur Vogelbeobachtung eignet sich alles bis zur 10-fachen Vergrößerung.

Eine hohe Vergrößerung liefert viele Details, man benötigt aber ein Stativ oder eine andere Stütze, um das Fernglas ruhig zu halten.

×20

Manche Modelle haben Bildstabilisatoren, die selbst bei höheren Vergrößerungen Verwacklungen verringern.

Eine geringere Vergrößerung bietet einen besseren Überblick, aber weniger Details wie etwa die Zeichnung der Schnäbel.

×7

×10

Diese Vergrößerung ist klar und hell und lässt auch einige Details der Schnabelzeichnung erkennen.

Benutzung des Fernglases

Man kann ein Fernglas intuitiv nutzen, es lohnt sich aber, den Gebrauch zu üben und sich mit den beweglichen Teilen vertraut zu machen. Beste Ergebnisse erzielt man, wenn man die folgenden Schritte beachtet.

Funktionsteile

Ferngläser lassen sich am Mitteltrieb schwenken. Damit kann man den für sich richtigen Winkel und Augenabstand einstellen. Viele Menschen sehen mit einem Auge schärfer als mit dem anderen. In diesem Fall muss man die Differenz am Fernglas ausgleichen wie mit einer Brille. Hierzu befindet sich an einem der Okulare ein Dioptrienausgleich, den man einmalig einstellen muss (aber regelmäßig kontrollieren sollte, ob er sich verstellt hat).

Am Mitteltrieb gibt es noch ein größeres Fokussierrad, an dem man die Schärfe nachstellen kann. Da diese von der Entfernung abhängt, muss man das Fokussierrad jedes Mal drehen, wenn man ein neues Objekt betrachtet.

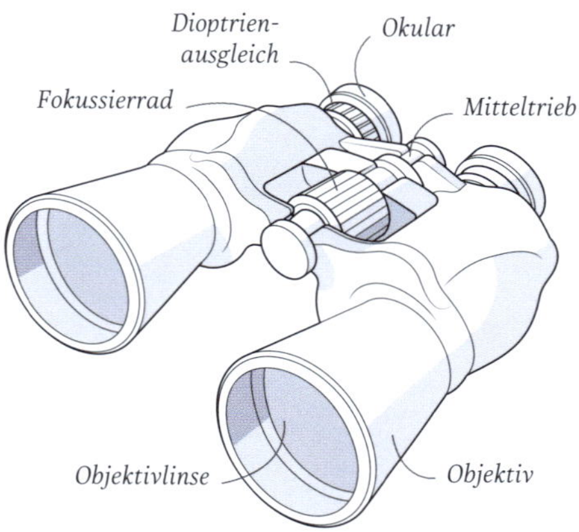

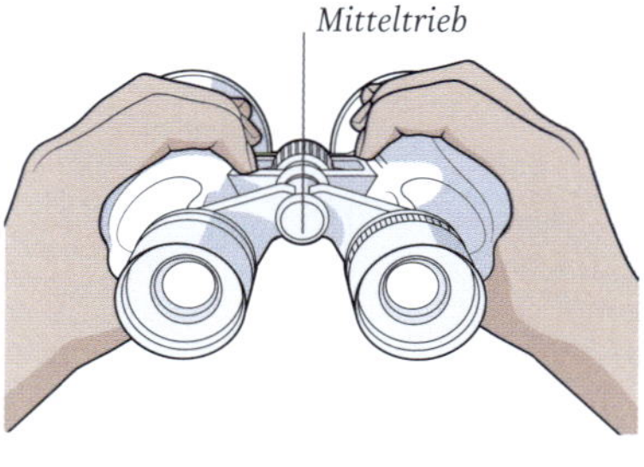

1. Zuerst stellt man den Abstand zwischen den Okularen ein. Dieser muss zum Augenabstand passen. Die Einstellung erfolgt durch Auseinanderziehen oder Zusammendrücken der beiden Objektive beiderseits des Mitteltriebs.

2. Den Augenabstand stellt man so ein, dass man einen einzelnen scharfen Kreis sieht und keine liegende »Acht« (auch wenn der Blick durch ein Fernglas in Filmen oft fälschlicherweise so dargestellt wird).

Anpassung für Brillenträger

Die meisten Ferngläser besitzen Augenmuscheln, die man ausziehen oder zurückschlagen kann. Die meisten Brillenträger nehmen ihre Brille jedoch ab und nutzen die Augenmuscheln nicht. Mit Brille muss man die Augenmuscheln zurückschlagen und die Brillengläser dagegendrücken. Das Gesichtsfeld ist annähernd gleich, Lichteinfall von der Seite lässt sich gegebenenfalls verhindern, indem man das Okular umfasst.

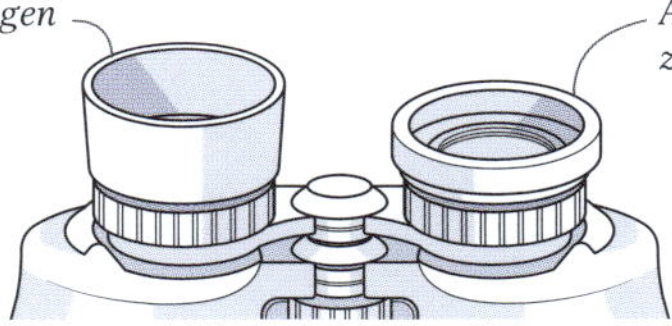

Wie passt es am besten?
Als Brillenträger sollte man austesten, ob es sich mit oder ohne Brille besser anfühlt, das Fernglas zu benutzen.

Schaut immer entspannt. Nutzt lieber das Fokussierrad zum Scharfstellen, statt eure Augen anzustrengen.

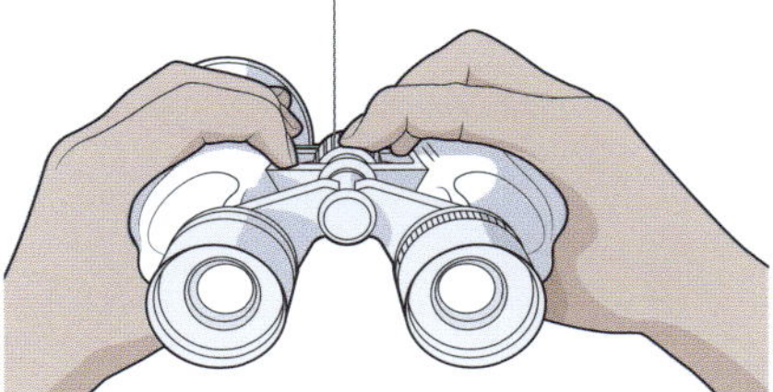

3. Mithilfe des zentralen Fokussierrads kann man auf das Beobachtungsobjekt scharfstellen. Dabei sollte man die Augen entspannen und auf etwas Scharfkantiges wie einen Zaunpfosten oder eine Antenne schauen.

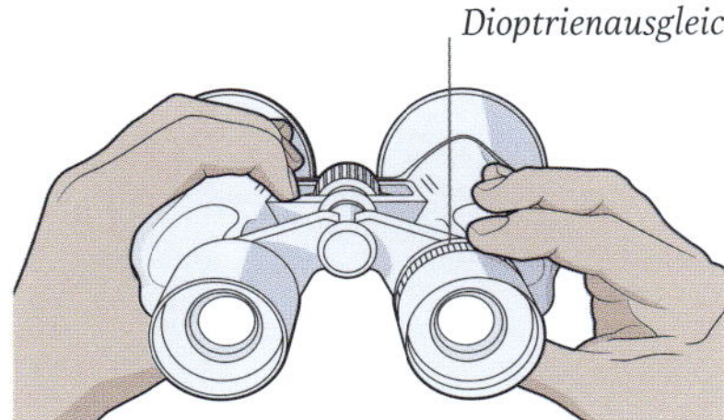

4. Zur Einstellung des Dioptrienausgleichs am rechten Okular deckt man die linke Linse ab und lässt beide Augen geöffnet. Zunächst stellt man unscharf und dann langsam scharf, bis das Objekt klar zu sehen ist. Diese Einstellung merkt man sich und behält sie bei.

Geländeeinsatz des Fernglases

Je mehr man den Einsatz eines Fernglases übt – und sei es nur im Garten –, desto vertrauter wird einem der Umgang damit. Bald schon wird der Gebrauch in Fleisch und Blut übergehen.

Übung macht den Meister

Um den Geländeeinsatz zu üben, befolgt man einfach die Schritte, die unten beschrieben sind. Als Erstes fokussiert man auf entfernte Objekte, später auch Vögel. Ein Garten oder eine Futterstelle auf dem Balkon sind ideale Orte zum Üben. Schnell wird man lernen, ein Ziel sicher zu finden, ohne über das Fernglas sehen zu müssen oder den Kopf zu bewegen.

Bei Nichtgebrauch sollte man das Fernglas in einer Hülle aufbewahren, diese aber beim Einsatz im Gelände zu Hause lassen. Bei längerem Gebrauch sollte man den Riemen verkürzen, damit das Fernglas auf der Brust und damit näher am Gesicht zum Liegen kommt. Wenn man umherläuft, ohne durchzusehen, verlängert man den Riemen wieder und schlüpft mit einem Arm hindurch. So kann man sich das Glas unter den Arm klemmen, es ist geschützt und baumelt nicht herum. Die Okulare am besten mit einer Abdeckung schützen und regelmäßig die Objektlinsen kontrollieren. Bei Verschmutzung reinigt man diese sehr vorsichtig mit einem weichen Tuch. Verschmutzungen am Rand lassen sich entfernen, indem man mit einem Fingernagel durch das Tuch drückt.

1. Zunächst hält man das Fernglas in der Schwebe und sucht das Gebiet mit bloßem Auge ab. Der Trageriemen sollte so kurz sein, dass das Fernglas auf der Brust hängt, wenn man es loslässt, und nicht vor dem Bauch.

2. Hat man einen Vogel entdeckt, behält man ihn im Auge und setzt das Fernglas an. Anschließend stellt man mit den Fingern am Fokussierrad auf den Vogel scharf, ohne dabei Kopf oder Augen zu bewegen.

Ruhig und stabil
Am besten hält man das Fernglas mit den Daumen unter den Objektiven und den Fingern oben fest und spürt sein Gewicht in der Hand. Um ein Verwackeln zu verhindern, stützt man sich mit einem Finger an der Stirn oder am Kinn ab. Unerwünschter Lichteinfall von der Seite lässt sich verhindern, indem man die Okulare umgreift.

Auswahl eines Spektivs

Bei weit entfernten Vögeln hätte man vielleicht gerne eine höhere Vergrößerung, als ein Fernglas bietet. Für die Wahl eines Spektivs gelten die gleichen Kriterien: Man muss versuchen, den passenden Kompromiss zwischen Vergrößerung, Lichtstärke und Preis zu finden.

Warum ein Spektiv verwenden?

Für Spektive gilt weitgehend dasselbe wie für Ferngläser (*siehe S. 18–19*). Die Größe der Objektivlinse kann unterschiedlich sein und die Vergrößerung feststehen, oder es gibt sie als Zoom-Objektiv für einen bestimmten Vergrößerungsbereich. Man kann auch ein Taschen-Spektiv benutzen, das aber nicht so stark vergrößert wie eine größere Linse. Je größer und lichtstärker die Linse ist, desto größer und schwerer ist zwangsläufig das Spektiv. Je höher die Vergrößerung, desto kleiner ist das Gesichtsfeld und desto wichtiger ist es, Verwacklungen, z. B. durch ein Stativ, zu verhindern. Wie bei Ferngläsern kann auch der Kauf eines gebrauchten Spektivs eine gute Option darstellen.

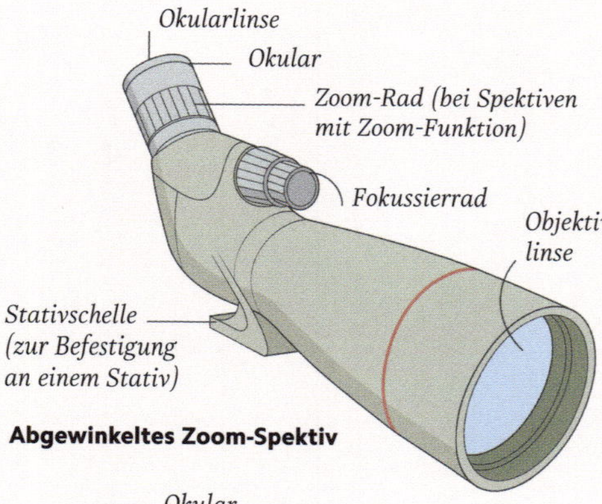

Abgewinkeltes Zoom-Spektiv

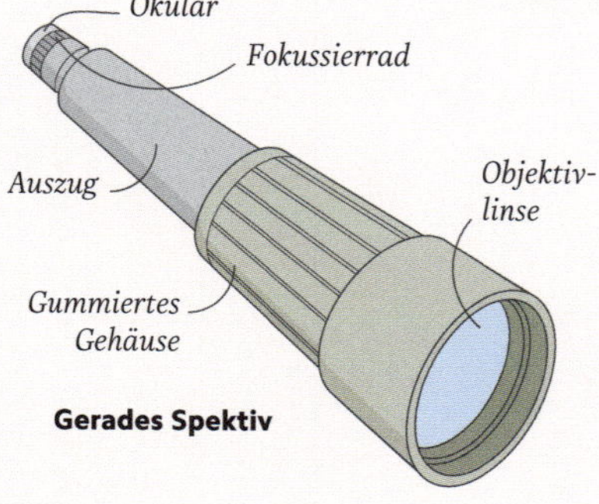

Gerades Spektiv

Das Passende finden

Eine fixe 20- oder 30-fache Vergrößerung ist gut geeignet, ebenso ein Zoom mit Vergrößerungsfaktor 15–30 oder 20–60. Da die Vergrößerung die Klarheit des Bildes beeinflusst, sollte man vor dem Kauf verschiedene Stärken und Zoom-Objektive ausprobieren.

Es gibt zwei Typen von Spektiven: gerade und abgewinkelte. Ein gerades ist leicht zu handhaben: Man richtet es einfach direkt auf den Vogel aus. Bei einem abgewinkelten Spektiv benötigt man dazu etwas Übung, aber wenn man einen Vogel hoch am Himmel beobachten will, wird man die Vorteile schnell schätzen lernen. Anfangs erscheint es schwieriger, nach unten hineinzuschauen, aber es ist wirklich deutlich bequemer, vor allem für den Nacken. Es ist auch eine praktischere Lösung, wenn man ein Zielfernrohr mit anderen Personen teilt, z.B. mit größeren und kleineren Familienmitgliedern.

Handlichkeit als Trumpf
Ein Kompaktspektiv, das in die Jackentasche passt, kann gute Sicht bieten, ohne dass man viel schleppen muss.

Das passende Stativ
Die Kosten für ein gutes Stativ sollte man ins Budget mit einplanen. Ideal ist eines mit Drei-Wege-Neiger (Schwenk-Neige-Kopf) und nur einem Handgriff.

Ein abgewinkeltes Spektiv ist ideal, wenn es Leute unterschiedlicher Körpergröße nutzen.

Benutzung eines Spektivs

Wie schnell man sich an ein Spektiv gewöhnt, hängt vom Modell ab: Bei abgewinkelten erfordert es etwas Übung, die Vögel zu finden. Bei höherer Vergrößerung benötigt man eine Stütze gegen Verwacklung.

So handhabt man ein Spektiv

Spektive haben keinen Dioptrienausgleich, nur ein Fokussierrad zur Entfernungseinstellung. Die Feinjustierung erfolgt bei der Beobachtung. Nur wenn das Auge eine gerade Linie mit dem Okular bildet, erhält man ein klares Bild. Nach Möglichkeit wechselt man beide Augen ab, denn wenn man ein paar Minuten mit demselben Auge beobachtet, kann es eventuell eine Zeit lang nicht mehr richtig fokussieren. Eine Überanstrengung lässt sich auch vermeiden, indem man beim Blick durch das Spektiv beide Augen geöffnet lässt und lernt, sich

ausschließlich auf das Bild im Spektiv zu konzentrieren. Wenn man einen interessanten Vogel sieht, sollte man auch anderen zumindest einen kurzen Blick durch das Spektiv gönnen!

Spektiv-Stützen

Zur Stabilisierung eines Spektivs gibt es verschiedene Optionen (*siehe unten*). Für eine stabile Haltung sollte eine Hand das Okular umfassen. Dabei legt man einen Finger ans Fokussierrad, einen anderen als Stütze auf die Stirn oder Nase. Ein Dreibeinstativ sollte so positioniert sein, dass zwei Beine nach vorn zeigen und eines zwischen euren Beinen steht.

Schnellwechselplatte
Viele Stative besitzen eine Wechselplatte, die man für den schnellen Aufbau an der Stativschelle des Spektivs befestigen kann.

Eine stabile Unterlage
Einfache Möglichkeiten sind ein Dreibeinstativ, das Ausbalancieren auf einem Bohnensack oder ein Klemmstativ mit Schraubzwinge und Stativkopf.

Man kann das Spektiv z. B. auf einen Bohnensack legen.

Für Fensterbrett, Zaun oder Autofenster eignet sich ein Klemmstativ.

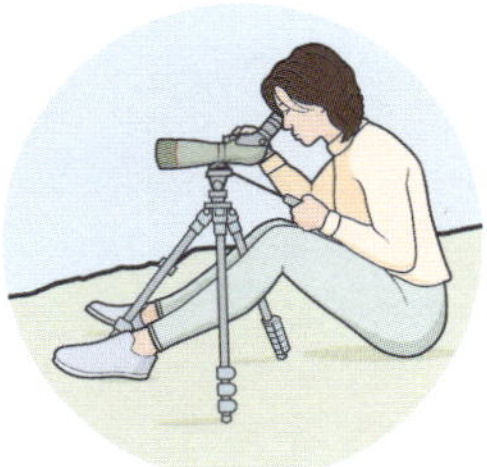

Ein Dreibeinstativ lässt sich passend zum Beobachtungswinkel und Gelände einstellen.

Geschicklichkeit üben
Lerne, die Ausrichtung über den Bedienhebel des Stativkopfes einzustellen und dabei dein Auge am Okular zu lassen. So lässt sich einfacher schwenken und das Geschehen verfolgen.

Wahl der Fotoausrüstung

Einen Vogel zur Bestimmung oder aus Dokumentationszwecken zu fotografieren, ist mit dem Erstellen professionell wirkender Fotos nicht zu vergleichen – dafür aber viel billiger und einfacher!

Erste Schritte

Das Folgende ist keine Einführung in die Benutzung einer teuren Kamera mit Super-Teleobjektiv. Vielmehr werden praktische und zweckmäßige Optionen aufgezeigt, wie sich mit Ausrüstung, die man womöglich ohnehin schon dabei hat – und vielleicht ein paar cleveren Extras –, gute Vogelbilder machen lassen.

Mit einem Smartphone kann man seine Fotos z. B. sofort teilen sowie auf der Stelle verschlagworten, datieren und per GPS verorten.

Stets einsatzbereit
Mit einem Smartphone kann man bei jeder sich bietenden Gelegenheit schnell ein Foto schießen und es teilen.

Improvisiertes Tele
Indem man die Kamera des Smartphones an ein Okular hält, kann man eine Nahaufnahme durch das Fernglas machen.

Ein Smartphone lässt sich auch mit wenigen Zubehörteilen zu einer Zoom-Kamera aufrüsten. Eine aufsteckbare Tele-Linse z. B. bringt einen näher ans Geschehen. Es gibt auch spezielle Adapter, mit denen man mit dem Smartphone direkt durch das Spektiv fotografieren kann (»Digiskopie«). Je höher die Vergrößerung des Spektivs ist, desto wichtiger ist die Verwendung eines Stativs gegen Verwackeln.

Der nächste Schritt

Falls man mehr zu investieren bereit ist, ist eine sogenannte Bridge-Kamera ein guter Einstieg. Diese sind teilweise sehr günstig und leichtgewichtig und ihre Sensoren so detailgenau, dass man zusätzlich zur Verwendung des Zoom-Objektivs sogar Ausschnitte machen kann für eine noch größere Abbildung.

Sofern man wachsendes Interesse an der Vogelfotografie verspürt, lohnt es sich, einen Tag lang ein mit Fotoausrüstung ausgestattetes Versteck zu buchen. Dort gibt es meist spezielle Ansitze, an denen man mit relativer Sicherheit bestimmte Vögel sehen kann. So kann man vor dem Kauf schon Verschiedenes ausprobieren.

Mit cleverem Zubehör lassen sich auch mit bereits vorhandenen Geräten gute Vogelaufnahmen machen.

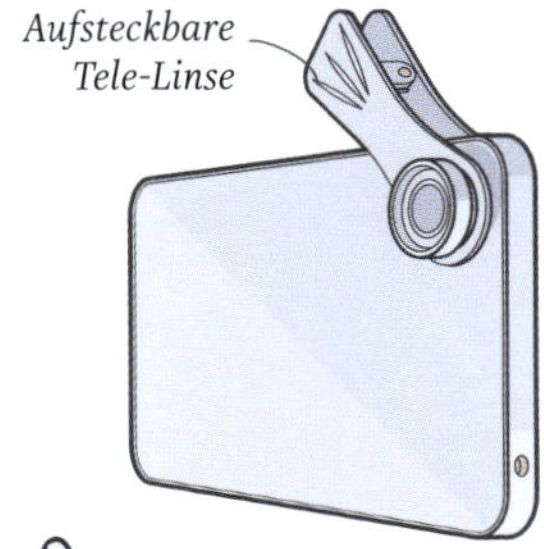

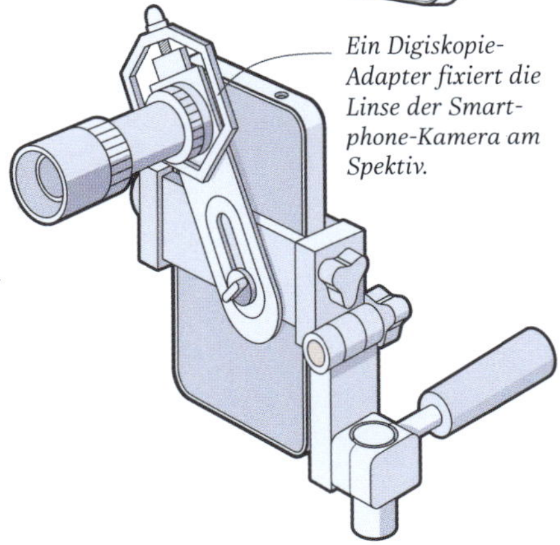

Verwendung eines Smartphones
Aufsteckbare Zubehörteile, Halterungen und Apps ermöglichen ein Zoomen mit dem Smartphone.

Verwenden einer Bridge-Kamera
Bridge-Kameras besitzen häufig ein recht starkes Zoom-Objektiv und erlauben manuelle oder automatische Einstellungen.

Vögel fotografieren

Selbst mit einfach zu bedienender Ausrüstung benötigt man etwas Übung, um gute Aufnahmen von Vögeln zu machen. Was wäre zum Üben besser geeignet als der eigene Balkon oder Garten?

Versteck im Haus

Mit einer Futterstelle vor dem Fenster wird das eigene Haus zum improvisierten Versteck und man kann üben, die gefiederten Besucher zu fotografieren. Durch ein vielfältiges Futterangebot lassen sich viele verschiedene Arten anlocken. Falls man keinen Garten hat, besucht man einfach einen Park oder ein Naturschutzgebiet in der Nähe (vielleicht sogar mit Versteck und Futterstelle in Sichtweite).

Durch das Üben im häuslichen Umfeld wird einem die Ausrüstung immer vertrauter und es gelingt schon bald, die Vögel ansprechend abzulichten. Beim Fotografieren mit einem Smartphone kann man den Lautstärkeregler des Kopfhörers als Fernauslöser benutzen und muss zum Fotografieren nicht das Display antippen.

Man kann das Ganze noch ausbauen, indem man das Umfeld der Futterstelle entsprechend gestaltet oder sie vor einem besonderen Hintergrund aufstellt – auf diesen und den folgenden Seiten sind Beispiele meiner Arrangements abgebildet. Mit einer geringen Schärfentiefe kann man den Hintergrund verschwimmen lassen. So sammelt man noch mehr Erfahrung mit seiner Kamera und lernt zudem, das Verhalten der Vögel vorauszusehen. Auf diese Weise werden sicher hervorragende Vogelfotos gelingen.

Eine »Waldlichtung«
Um Buntspechte an mein häusliches Versteck zu locken, kreierte ich einen improvisierten Wald aus Birkenstämmen, die ich mit Fett und Samen bestrich.

1. Ein künstlicher Wald – geschaffen aus Birkenstämmen vor einem einfarbigen Hintergrund.

2. Futter auslegen – in diesem Fall wurden Samen mit Fett an einen Stamm geklebt. Das Futter sollte aus der Kameraposition nicht zu sehen sein.

3. Warten auf gefiederte Besucher – dann muss man sie nur noch ansprechend fotografieren.

1. **Platziert man den »Schauplatz«** vor einem Fenster, kann man ihn von innen beobachten, möglichst durch vorgezogene Gardinen.

2. **Man positioniert den Ansitz** vor einen einfachen grünen Hintergrund und richtet den Winkel so aus, dass das Setting das ganze Bild ausfüllt.

Moosbedeckter Ansitz
Ich stellte einen moosbedeckten Pfosten in einen Kübel vor mein Fenster, streute Samen darauf und wartete auf Besucher. Durch die nahegelegene Futterstelle war gewährleistet, dass regelmäßig Vögel diesen Bereich aufsuchten.

3. **Dann streut man Samen** auf den Ansitz und wartet auf Besucher wie diese Kohlmeise.

Nächste Schritte

Mit zunehmender Erfahrung wächst vielleicht auch der Wunsch, mit der Bildkomposition zu experimentieren, z.B. Nahaufnahmen oder Action-Fotos fliegender Vögel zu machen. Tierfotos wirken lebendiger, wenn der Fokus auf dem Auge liegt. Vor allem bei Nahaufnahmen sollte man deshalb stets auf das Auge scharf stellen. Bei einer Frontalaufnahme ist meist nicht der gesamte Vogel scharf, weil Kopf und Schwanz zu weit auseinander liegen und die Schärfentiefe nicht ausreicht. Um den gesamten Vogel scharf abzubilden, ist eine Aufnahme von der Seite am besten – das ist aber oft weniger attraktiv oder kreativ.

Bei Nahaufnahmen sollte man auf das Auge scharf stellen.

Bei einstellbarer Schärfentiefe kann man auf einen Bereich scharf stellen, während der Rest in Unschärfe verschwimmt.

Bei einer Flugaufnahme mit ausgestreckten Flügeln zeigen sich Körperbau und Farbmuster des Vogels.

Organisiert sein

Am besten gewöhnt man sich an, nur die Fotos dauerhaft zu speichern, die man wirklich aufbewahren möchte, und alle anderen zu löschen (riesige Datenbanken schaden letztlich der Umwelt). Man kann die Fotos in einer Cloud speichern, sollte aber zur Sicherheit dennoch zusätzlich ein Back-up auf einem Speichermedium machen. Wenn man seine Fotos mit Ortsangaben (GPS-Daten) und weiteren Hinweisen verschlagwortet, kann man nach Stichworten, Orten, Daten und Vogelarten suchen. In entsprechend benannten Ordnern abgelegt, findet man später alles problemlos wieder.

Digitale Hilfsmittel

Das Internet kann bei der Vogelbeobachtung sehr wertvoll sein. Es gibt hervorragende Apps zur Bestimmung von Vogelarten und -stimmen, oder um sich mit der weiten Welt der »Birder« zu vernetzen.

Webseiten und E-Books

Das Internet ist eine ausgezeichnete Lernhilfe. Mit nur wenigen Klicks eröffnen sich zahllose Möglichkeiten und man erhält umfassende Informationen. Unzählige Webseiten helfen bei der Bestimmung einer Vogelart. Falls man kein Bestimmungsbuch mitschleppen möchte, lädt man sich einfach einen Vogelführer als E-Book auf sein Smartphone. Teilweise sind diese auch mit Videos und Audio-Dateien verlinkt, um Bestimmungen abzusichern.

Apps und andere E-Tools

Mit hoch entwickelten Smartphone-Apps lassen sich Vogelarten schon anhand eines Bildes bestimmen, oder man nimmt einen Gesang auf und die App bestimmt danach die Art. Die Aufnahmequalität des Smartphones lässt sich mit Zubehör verbessern. So erstaunlich die Apps auch sind, unfehlbar sind sie nicht. Falls einem die App z. B. eine Art vorschlägt, die für die Jahreszeit, den Lebensraum oder das Gebiet völlig unpassend erscheint, sollte man selbst nochmals genauer hinschauen. Häufig hört man einen Vogel, bevor man ihn entdeckt. Aber selbst wenn einem die App sagt, welche Art zu hören ist, sollte man versuchen, den Vogel auch zu sehen und die Information so zu bestätigen. Nur indem man selbst Augen und Ohren offen hält, lernt man die Vögel auch selbstständig zu bestimmen. Welche Vögel sind hier zu erwarten? Sind vertraute Vogelstimmen zu hören? Am besten testet man sich selbst und bestätigt das Gesehene/Gehörte mit den Apps – so lernt man sehr viel mehr.

Die Webseiten, Apps und E-Guides sollte man entsprechend des geografischen Gebiets auswählen und sich nicht blind aufs Internet verlassen. Zudem wird man auch nicht überall Verbindung haben oder die Akkukapazität lässt nach (am besten hat man stets eine Lademöglichkeit für unterwegs dabei).

Ein aufsteckbares Mikrofon verbessert die Aufnahmemöglichkeiten.

Audio-Zubehör
Man kann ein kompaktes Richtmikrofon am Smartphone befestigen und zusätzlich einen flauschigen Windschutz, um die Nebengeräusche zu reduzieren.

Fingereinsatz
Am besten auf Webseiten, in E-Book-Vogelführern und auf eigenen Fotos die Merkmale eines Vogels genau ansehen: Kopf- und Schnabelform, die Farbe der Beine und Details des Gefieders.

Notizen machen

Mit dem Smartphone kann man Informationen über gesehene oder gehörte Vögel abspeichern, und so ein Protokoll seiner Beobachtungen erstellen. Am besten richtet man es so ein, dass alle Fotos als Belege des Gesehenen mit GPS-Daten und Datum versehen sind. Häufig bieten verschiedene Apps und E-Guides die Möglichkeit, eigene Metadaten und Notizen einzufügen. Nicht vergessen, regelmäßig ein Back-up der Informationen zu machen! Alternativ kann man die Beobachtungen in ein Notizbuch eintragen.

Beim Vogelbeobachten sollte man sich auch Zeit nehmen, den Vögeln einfach nur zuzuschauen – einfach neugierig sein und staunen!

Bestimmungsbücher

Manchmal ist auch ein »analoges« Bestimmungsbuch als Ersatz oder Ergänzung zu digitalen Führern eine gute Wahl. Trotz aller Segnungen des Internets ist ein gebundenes Buch ein zweckdienliches Hilfsmittel – vor allem, wenn man den ganzen Tag in einer Beobachtungshütte verbringt. Es benötigt keine Akkus, im Gegensatz zu einem Bildschirm kann man es auch bei hellem Sonnenschein gut lesen, man kann es leicht mit anderen teilen und es vermittelt einen guten Überblick über alle Vögel eines Lebensraumes.

Überblick und Details
Ein guter Bestimmungsführer bietet einen umfassenden Überblick über einen Lebensraum und die dort vorkommenden Vögel.

Verbindung mit der Community

Sehr vieles, was wir über das Verhalten von Vögeln, ihre Anzahl und den Zustand einzelner Arten wissen, basiert auf der einzigartigen Community aus professionellen Vogelbeobachtern wie auch Laien, die ihre Informationen zusammentragen und zum Allgemeinwissen beisteuern. Sobald man bei der Artbestimmung sicherer geworden ist, kann man seine Sichtungen dieser gemeinschaftlichen Datenbank hinzufügen. Oft geht dies direkt auf einer Webseite oder über eine App auf dem Smartphone. Eine sehr wichtige Information ist die Anzahl der Vögel. Hierzu kann man mit dem Smartphone ein Foto machen und auf diesem auszählen oder man lädt eine Software herunter, die das für einen erledigt.

Teil der Gemeinschaft
Man kann sich einer lokalen Gruppe von Birdern anschließen, um Informationen zu bündeln – gemeinsam mit anderen wird man so Teil einer internationalen Gemeinschaft von Bürgerwissenschaftlern.

Die Beobachtungsgabe schulen

Vögel bestimmen zu lernen, benötigt viel Zeit und Geduld. Manchmal wird man den Eindruck haben, man könne sich gewisse Dinge einfach nicht merken. Es gibt dafür jedoch ein paar Strategien.

Sehen und Hinschauen

Viele Leute sehen zwar, schauen aber nicht richtig hin, insbesondere, wenn sie nur fotografieren (entsprechend hören sie auch, hören aber nicht hin). Wenn man also ein Foto gemacht hat, sollte man es vergrößern, genau betrachten und sich die Details einprägen. Üben kann man das mit den Vögeln an der Futterstelle im eigenen Garten. Als Starthilfe kann der Leitfaden auf S. 44 dienen. Anhand dessen lassen sich die Details eines Vogels wie Form, Farbmuster und Beine systematisch erarbeiten. Mit etwas Übung wird es einem in Fleisch und Blut übergehen, die entscheidenden Merkmale eines Vogels zu sehen und einzuschätzen.

Zu Hause üben
Durch genaues Schauen auf die Merkmale der Vögel an der heimischen Futterstelle kann man seine Beobachtungsgabe schulen.

Aufschreiben kann helfen

Manche Menschen können sich besser an etwas erinnern, wenn sie es aufgeschrieben haben. Sofern man gerne Listen anlegt, sollte man seine Beobachtungen in einem Notizbuch oder einer Tabelle festhalten. Diese Notizen schulen die Beobachtungsgabe, und weil man die eigenen Beobachtungen auch selbst niedergeschrieben hat, werden sie dadurch wahrscheinlich besser im Gedächtnis bleiben.

Mit zunehmender Übung wird die Beobachtungsgabe immer intuitiver und geht in Fleisch und Blut über.

Den Künstler in sich entdecken

Bevor man diese Idee gleich verwirft und jegliche künstlerische Fähigkeit bestreitet: Für diesen Ansatz benötigt man wirklich kein zeichnerisches Talent. Es spielt keine Rolle, ob die Zeichnung dem beobachteten Vogel auch nur im Entferntesten ähnelt, entscheidend ist, dass man ihn genau betrachtet. Dass man alle Details und relativen Proportionen wahrnimmt: von Kopf und Körperform, Schwanz- und Schnabellänge, die Ausrichtung der Zehen sowie besondere Kennzeichen und Farbmuster. Die entstandene Skizze ist nur Mittel zum Zweck und soll helfen, die Merkmale der einzelnen Arten im Gedächtnis zu verankern.

Beschränkung auf das Wesentliche

Die Skizzen beschriftet man mit den für einen selbst wesentlichen Merkmalen, an denen man den Vogel erkennt.

Skizzenblock verwenden
Das Anfertigen von Bleistiftskizzen hilft dabei, genau auf die Merkmale des beobachteten Vogels zu achten.

Über Vögel

Um Vögel wirklich kennenzulernen – ihre Formen, Gesänge und individuellen Merkmale –, benötigt man weder teure Ausrüstung noch Ausdauer. Lediglich grenzenlose Neugier, mehr über sie zu erfahren.

Die Vögel haben Vorrang

Man sollte stets den Verhaltenskodex der Vogelbeobachter befolgen: Die Belange der Vögel stehen immer an erster Stelle. So vermeidet man es, die Vögel beim Beobachten negativ zu beeinflussen.

Ein Verbündeter sein

Man sollte stets versuchen, die Vögel nicht zu stören, was bedeutet, die Regeln und Gesetze beim Betreten eines Schutzgebiets zu befolgen, auf den Wegen zu bleiben und es zu vermeiden, den Lebensraum der Vögel zu stören. Andernfalls müssen diese vielleicht wertvolle Energie verschwenden, die sie z. B. für die Nahrungssuche brauchen. Oder Vogeleltern werden von ihren Jungen ferngehalten, die dann hungrig bleiben oder zur leichten Beute werden.

Man sollte Signale und Verhalten der Vögel aufmerksam beobachten und auf seinen Weg achten. Stößt ein Vogel z. B. wiederholt Alarmrufe aus? Wenn gerade Brutzeit ist und man sich in offenem Gelände oder an einem Strand befindet, ist man vielleicht dem Nest eines Bodenbrüters zu nahe gekommen.

Wenn man sich ruhig und unauffällig verhält, stört man die Vögel nicht und sieht selbst auch mehr – man verscheucht weder den Watvogel am Ufer noch die Grasmücke auf dem Baum oder den Finkenschwarm auf dem Feld. Bei dichtem Bewuchs, etwa im Wald, hört man die meisten Vögel, bevor man sie sieht. Und diese hören und sehen einen auch. Wenn man sich unterwegs unterhält, wird man wesentlich weniger hören und die Vögel werden davonfliegen.

Die Ohren offen halten
An einem Schilfröhricht oder auf einem Waldweg hört man einen Vogel wahrscheinlich erst, bevor man ihn sieht. Also ruhig verhalten und lauschen!

Sorglose Begegnungen
Vögel in öffentlichen Parks sind oft an die Anwesenheit von Menschen gewöhnt und fühlen sich gewöhnlich nicht von ihnen gestört oder beunruhigt.

Abstand halten
In offenen Landschaften wie Mündungsgebieten beobachtet man am besten aus sicherer Entfernung, um die Vögel nicht zu stören. Zur eigenen Sicherheit nicht vergessen, auf die Gezeiten zu achten!

Vögel bestimmen lernen

Mit dem nachfolgenden Leitfaden lassen sich Informationen über einen beobachteten Vogel schnell einschätzen und bewerten – mit etwas Übung wird man diesen Vorgang bald verinnerlichen.

Zu Beginn

Zunächst einmal sollte man sich anhand eines Vogelführers mit den wesentlichen Vogelgruppen vertraut machen (Möwen, Seeschwalben, Finken, Ammern usw.) und deren charakteristische Merkmale lernen. Diese Schritte bilden jedoch nur die Grundlage zur Vogelbestimmung. Je besser man sich mit den allgemeinen Merkmalen und der geografischen Verbreitung einzelner Vogelarten auskennt, desto mehr kann man sich dann auf spezifische Details konzentrieren und den Prozess abkürzen.

1. Umfeld

- Wo befindet man sich geografisch?
- Was für ein Lebensraumtyp ist es?

Das Umfeld ist entscheidend. Mit diesen Fragen kann man das Spektrum der beobachtbaren Arten sofort eingrenzen.

2. Jahreszeit

- Welche Jahreszeit herrscht gerade?

Manche Arten sind nur zu bestimmten Zeiten des Jahres da. Das schränkt die Möglichkeiten weiter ein.

3. Sichtbares

- Wie groß ist der Vogel?
- Was für einen Schnabel hat er (z. B. Länge, Form, Größe, Farbe)?
- Was ist charakteristisch an den Flügeln (z. B. Länge, Form, Zeichnung)?
- Was ist charakteristisch am Schwanz (z. B. Proportion, Länge, Form, Zeichnung)?
- Gibt es charakteristische Merkmale am Kopf (z. B. Überaugenstreif, Augenstreif, Augenring, Bartstreif)?

Auf den Seiten 46–47 finden sich die entsprechenden Fachbegriffe zur Beschreibung und auf den Seiten 58–59 verschiedene Beispiele für einzelne Merkmale.

4. Verhalten

- Was macht der Vogel (z. B. Segeln, Hüpfen, Laufen)?

Manche Vögel zeigen bestimmte Fortbewegungsmuster oder Gewohnheiten, an denen man sie erkennen kann, insbesondere bei schlechtem Licht, wenn die Färbung nicht gut zu sehen ist.

5. Laute

- Was ist zu hören?

Manchmal helfen euch die Rufe oder Gesänge, die Art zu bestimmen und einen Vogel vom anderen zu unterscheiden.

Brandseeschwalbe **Flussseeschwalbe**

Was ist wichtig?

Man sollte lernen, auf welche Merkmale man bei einer beobachteten Vogelart achten muss und worin sie sich von ähnlichen Arten unterscheidet – z. B. verschiedene Schnäbel, Beinfarben und Kopfzeichnungen bei Seeschwalben.

Arttypisches Verhalten

Sitzt der Vogel mit dem Kopf nach oben am Stamm, ist es vielleicht ein Baumläufer. Er klettert gerade oder spiralig nach oben. Ein Kleiber dagegen hat so starken Halt, dass er in jede Richtung klettern kann, häufig kopfüber.

Alle Hinweise zusammenfügen

Die Gefiederfarbe kann bei der Bestimmung helfen, aber im Gegenlicht nur dunkel, fahl oder farblos wirken, dann nutzt man Form, Verhalten und Rufe. Sieht man nur eine Silhouette, helfen Rufe und Gesänge.

Körperbau eines Vogels

Verschiedene Vogelarten unterscheiden sich zwar sehr in Größe oder Gefieder, der grundlegende Körperbau ist aber glücklicherweise bei allen recht ähnlich. Kennt man die Fachbegriffe, erleichtert dies die Bestimmung.

Was ist was bei einem Vogel?
Birder verwenden ganz bestimmte Begriffe, um die Teile eines Vogels zu benennen und die Lage von Abzeichen und Farbflächen so detailliert wie möglich zu beschreiben.

Durch die Kenntnis der Vogelanatomie versteht man erst richtig, wie hervorragend Vögel ans Fliegen angepasst sind: Sie haben einen sehr leichten Schnabel statt schwerer Zähne und Kiefer, ein leichtes, aber dennoch stabiles Skelett, Körperform und Oberflächen sind stromlinienförmig. Selbst die Beine können sie zurückziehen, um den Luftwiderstand beim Fliegen zu verringern. Manche Vögel, wie Schwalben und Falken, sind zu extrem schnellen, akrobatischen Flugmanövern fähig. Andere sind äußerst effiziente ausdauernde Flieger und können manchmal tagelang in der Luft bleiben, wie Schnepfen und Segler – Letztere sogar monatelang.

Zum Fliegen gebaut
Zur Verringerung des Körpergewichts sind die meisten Knochen eines Vogels hohl. Dank ihrer Wabenstruktur ist das Skelett dennoch sehr stabil. Die Federn bestehen aus Keratin, genau wie unsere Haare und Fingernägel. Verschiedene Federtypen erfüllen jeweils unterschiedliche Funktionen.

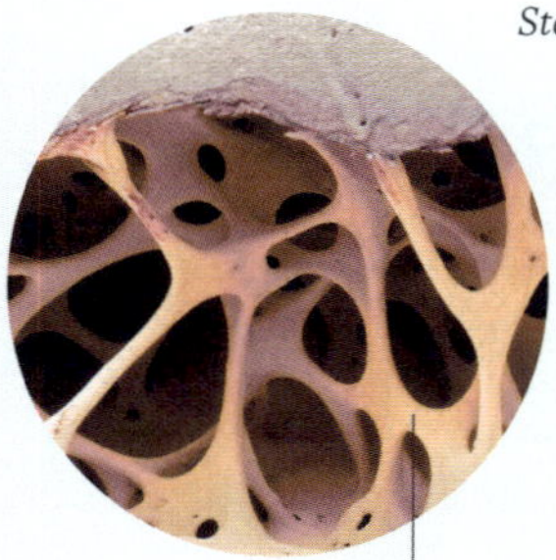

Der wabenförmige Aufbau der hohlen Knochen sorgt für Leichtigkeit und Stabilität.

Bestandteile eines Vogels
Wenn einem all diese Bezeichnungen geläufig sind, kann man Vögel wie diesen Eichelhäher viel detaillierter betrachten und mit anderen Beobachtern einfacher Informationen austauschen.

Im Flug
Die Flügelfedern sind so konstruiert, dass sie präzise kontrollierbar Schubkraft und Auftrieb erzeugen.

Eine Galerie von Federn

Bisweilen kommt man an Vögel nicht nahe genug heran, findet aber eine abgeworfene Feder, die man sich näher ansehen kann. Die (nicht maßstabsgerechte) Federgalerie gegenüber zeigt ihre Schönheit und Vielfalt. Es gibt verschiedene Federtypen mit jeweils unterschiedlichen Funktionen wie Sensorik, Wärmeisolation und Aerodynamik. Deckfedern haben z. B. die Funktion, einen reibungslosen Luftstrom über Flügeln und Schwanz zu gewährleisten. Sie bedecken unterschiedliche Bereiche von Flügeln und Schwanz und werden entsprechend ihrer Lage bezeichnet (*siehe S. 47*).

Welcher Federtyp ist es?

Durch ihre Struktur, Form und Farbe lässt sich eine Feder nicht nur einer bestimmten Vogelart zuordnen, sondern auch einer genauen Körperregion und einer spezifischen Funktion.

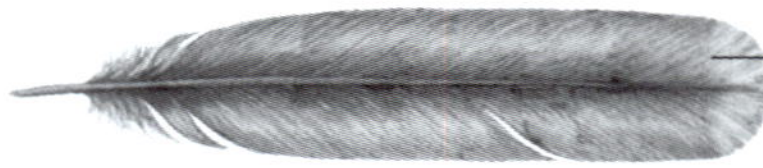

Schwanzfedern haben einen zentralen Schaft und dienen zum Steuern, Ausbalancieren und Balzen

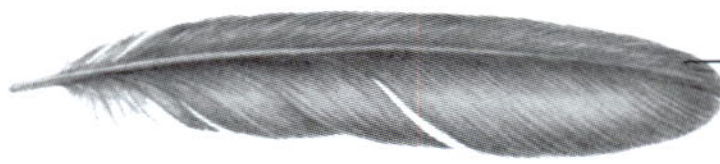

Der Schaft von Flügelfedern sitzt nicht in der Mitte, ihre Form bietet optimalen Antrieb zum Fliegen

Borstenfedern dienen zum Ertasten von Beute oder als Fanggitter beim Insektenfang

Konturfedern verringern den Luftwiderstand über den Flügeln und schützen Kopf und Körper vor Wasser

Halbdunen sind weich und pludrig und isolieren zusätzlich

Daunen bilden das Unterkleid und schützen den Vogel vor Kälte

Fadenfedern sind sensorische Organe und dienen vermutlich der Wahrnehmung der Federstellung

Blaue Federn sind in der Natur sehr selten – ihre Färbung beruht fast immer auf Strukturfarben.

Unechtes Blau

Merkwürdigerweise gibt es in der Natur fast keine blauen Federn: Sie sind nicht blau pigmentiert, sondern erscheinen nur wegen der besonderen Art der Lichtreflexion blau.

Eisvogel-Feder

Das an der Oberfläche der mattbraunen Feder gebrochene Licht erzeugt Blau- und Grüntöne.

Flügeldeckfeder des Eichelhähers

Konturfeder des Kolkraben

Handschwingenfeder des Mäusebussards

Armschwingenfeder des Stockenten-Erpels

Flügelfeder der Krickente

Schwanzfeder der Ringeltaube

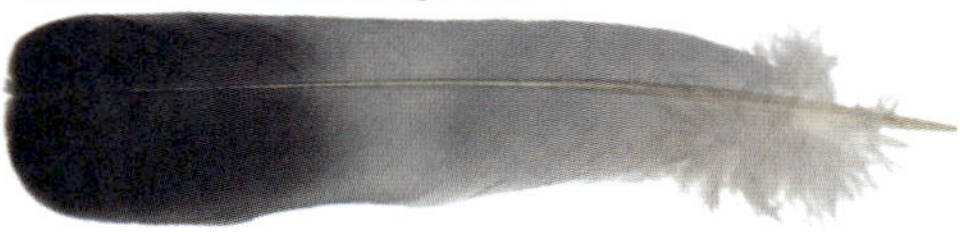

Schwanzfeder des Grünfinks

Handschwingenfeder der Waldohreule

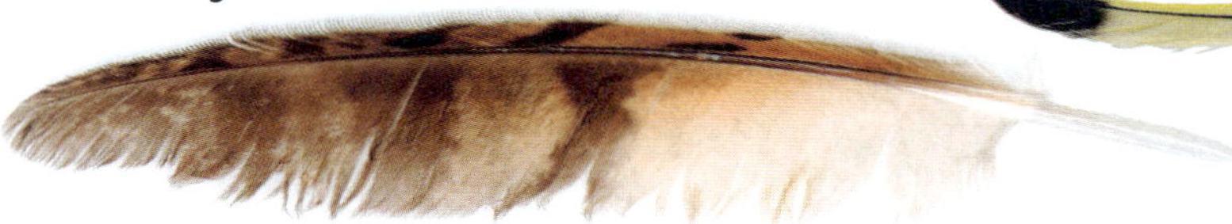

Schwanzfeder des Fasanenhahns

Konturfeder einer juvenilen Möwe

Schwanzfeder des Rotmilans

Flügelfeder des Buntspechts

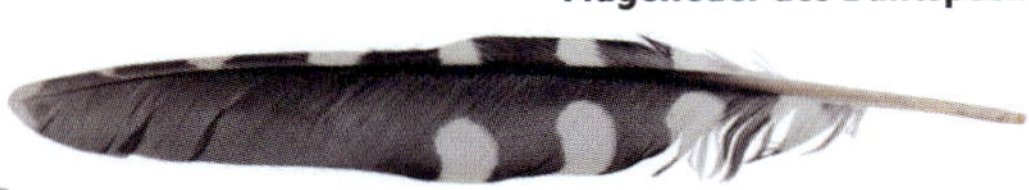

Handschwingenfeder der Silbermöwe

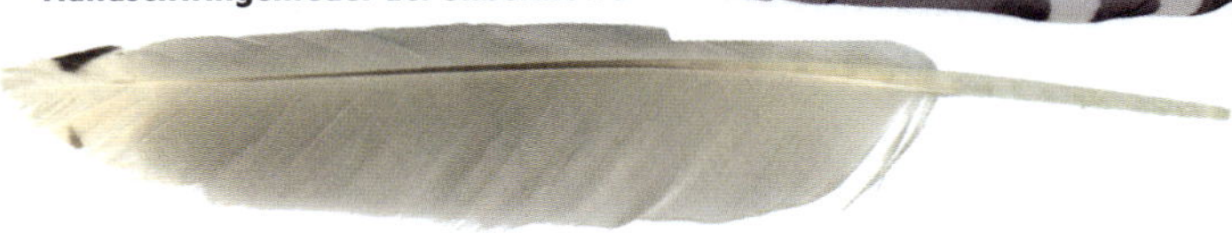

Schwanzfeder der Elster

Färbung und Muster

Die Vogelwelt zeigt eine eindrucksvolle Vielfalt an Farben und Mustern – oft sogar innerhalb einer Art. Wie das Gefieder eines Vogels aussieht, wird von vielen Faktoren bestimmt, wie Tarnung, Balz und Alter.

Warum sind Vögel in bestimmten Farben gefärbt?

Viele Vögel sind nicht besonders bunt gefärbt, sondern eher unscheinbar, damit sie so unauffällig wie möglich sind. Bei Arten mit ausgeprägter Konkurrenz um Partnerinnen sind die Männchen im Allgemeinen auffällig und farbenprächtig, zumindest während der Brutzeit. Das Gefieder der Weibchen ist wesentlich unscheinbarer. Bei wenigen Arten ist es genau umgekehrt: Weibliche Mornellregenpfeifer sind z. B. sehr viel intensiver gefärbt als die Männchen. Bei Arten mit dauerhafter Paarbindung, wie Höckerschwänen, unterscheiden sich die beiden Geschlechter kaum. Das Gefieder kann sich mit dem Alter des Vogels, jahreszeitlich oder in der Brutzeit verändern.

Geschickte Tarnung
Manche Vögel, wie dieser junge Zaunkönig, nutzen Färbung und Muster, um mit ihrer Umgebung zu verschmelzen und sich so vor Feinden zu verbergen. Alpenschneehühner passen ihr Gefieder sogar der Jahreszeit an.

Warnsignal
Die rote Brust des äußerst territorialen Rotkehlchens ist nicht einfach nur ein hübscher Farbtupfer, sondern ein starkes Warnsignal. Es soll andere Artgenossen von seinem Revier fernhalten, ohne dass es darum zu Kämpfen kommt.

Eindruck schinden
Das spektakuläre Gefieder des Krickenten-Erpels dient der Brautwerbung, das braun gesprenkelte Gefieder des Weibchens dagegen zur Tarnung auf dem Nest.

Warum Vögel ihr Aussehen verändern

Gerade wenn man glaubt, einige Arten erkennen zu können, verändern diese ihr Gefieder und man muss wieder etwas dazulernen. Für diese Veränderungen gibt es jedoch immer einen Grund.

Wechselspiel

Es gibt viele Gründe, warum Vögel ihr Gefieder wechseln. Häufig geschieht dies durch eine Mauser, wobei alte ausgeblichene, abgenutzte und zerschlissene Federn für das kommende Jahr durch neue ersetzt werden. Bisweilen wird auch ein Jugendkleid durch das Erwachsenengefieder ersetzt oder es ist je nach Jahreszeit eine andere Tarnung erforderlich. Oder der Wechsel erfolgt als Vorbereitung auf die Balz, bei der ein neues, farbenfrohes Gefieder für die Männchen hilfreich ist, um ein Weibchen anzulocken.

Von diesen zusätzlichen Varianten sollte man sich nicht abschrecken lassen. Die Veränderungen erfolgen schließlich nicht über Nacht, sodass man viele Übergänge beobachten und dadurch leichter den Bezug herstellen kann. Außerdem gibt es neben Gruppen, wie Möwen, die zahlreiche Veränderungen durchmachen, auch Gruppen, die zum Glück immer gleich aussehen. Diese Veränderungen wahrzunehmen verschafft einem Einblicke, was gerade im Leben dieses Vogels passiert.

Optische Anpassung
Viele Arten haben im Winter ein matteres Gefieder, das Alpenschneehuhn verfärbt sich zur Tarnung im Schnee reinweiß.

Buchfink im Frühling
Ihr leuchtendstes, buntestes Gefieder stellen männliche Buchfinken im Frühling zur Schau, um während der Balzzeit Weibchen anzulocken.

Buchfink im Winter
Die neuen Federn im Herbst haben blasse Spitzen, welche die blauen und rosa Partien überdecken. Diese Spitzen sind bis zum Frühjahr abgenutzt oder abgebrochen, sodass der Farbwechsel ohne Mauser erfolgt.

Jahreszeitliche Veränderungen

Während die Gefiederfarbe mancher Vögel, z. B. der Amsel, weitgehend gleich bleibt, gibt es auch Arten, bei denen die adulten Vögel das Gefieder mit den Jahreszeiten wechseln. Das gewährleistet, dass sie zur Brutzeit am attraktivsten aussehen und anschließend wieder ihr Schlichtkleid anlegen. Die meisten Vögel, wie Stare, Finken, Ammern und Watvögel, sind im Winter matter gefärbt, im Sommer viel leuchtender, bei vielen Arten ändert sich sogar die Farbe des Schnabels.

Bei anderen geht der Wechsel anders vonstatten: Enten z. B. sehen im Winter während der Balz und Paarbindungsphase am »attraktivsten« aus, im Sommer sind die Erpel dagegen am kontrastärmsten gefärbt. Da bei Bodenbrütern leuchtende Farben Raubtiere anlocken könnten, sind die Weibchen zur Tarnung auf dem Nest unauffällig gefärbt.

Alle auf einmal
Stockenten-Erpel verlieren während der Mauser alle Flügelfedern gleichzeitig und können fortan eine Zeit lang nicht fliegen. Das Gefieder gleicht dann dem der Weibchen, nur ihr gelber Schnabel verrät sie.

Zeichen des Erwachsenwerdens

Je nach Art machen Vogelküken mehrmals eine Mauser durch (werfen also ihre Federn ab), bis sie ihr Erwachsenengefieder bekommen. Bei Kleinvögeln geschieht dies häufig als schnelle Herbstmauser (gewöhnlich nur eine Teilmauser), um das erste Wintergefieder auszubilden, und dann wieder im Frühling als Mauser zum Erwachsenengefieder. Bei größeren Vögeln bringt die Frühjahrsmauser entweder schon das Erwachsenengefieder hervor oder das erste einer ganzen Reihe verschiedener Jugendkleider in den ersten Jahren.

Unterschiedliche Altersstufen

Manche großen Vögel wie Möwen haben im zweiten, dritten oder sogar noch im vierten Jahr Jugendgefieder, das sich nach und nach bis zum Adultgefieder entwickelt. Bei den hier gezeigten Silbermöwen findet der Wandel über mehrere Jahre statt.

Juvenilkleid

Graubraun mit Schuppenmuster auf dem Rücken, sehr dunklen Augen und dunklem Schnabel

Gefieder im ersten Winter

Schnabelbasis und -spitze hellrosa, am Körper erscheinen grauere Federn, die Augen bleiben dunkel.

Die juvenilen Federn an Flügeln und Schwanz verblassen und werden heller.

Am Rücken wachsen mehr graue Federn.

Der Bauch wird weißer, die Augen werden heller.

Gefieder im zweiten Winter

Altvogel im Schlichtkleid

Am Hals deutlich gestrichelt, die Augen sind blass.

In der Mauser werden abgenutzte braune Federn durch neue schwarz-weiße ersetzt.

Von Februar bis August ist der Kopf weiß, ansonsten gestrichelt.

Der Schnabel ist jetzt gelb mit einem roten Fleck, das Auge ist ebenfalls gelb.

Möwen im vierten Jahr sind unterseits reinweiß und am Rücken hellgrau.

Altvogel im Brutkleid

Unterseite deutlicher Weiß

Mehr Grau an Rücken und Flügeln

Gefieder im dritten Winter

Gefiederpflege

Neben der Suche nach Nahrung ist die Pflege des Gefieders die wichtigste Beschäftigung für Vögel, denn sie müssen ihre Federn vor allem zum Fliegen, aber auch als Schutz vor der Witterung bestmöglich in Schuss halten.

Putzen

Vögel putzen ihre Federn, um sie von Schmutz und Parasiten freizuhalten. Zudem befeuchten sie sie mit einem öligen Sekret aus ihrer Bürzeldrüse, damit sie elastisch und stabil und somit optimal flugtauglich und wasserabweisend bleiben.

Neben dem Putzen dienen auch noch andere Verhaltensweisen der Pflege der Federn: das Ausstrecken der Flügel, Aufplustern, Sonnenbaden, Baden im Wasser, Staub oder sogar in Ameisen (vermutlich reiben die Vögel dabei Ameisensäure auf ihre Federn als Schutz vor Parasiten).

Ordnen der Federn
Dieser Eisvogel ordnet seine Federn mit dem Schnabel wieder so an, dass sie perfekt zum Fliegen ausgerichtet sind.

Mauser

Die meisten Vögel mausern sich einmal im Jahr und ersetzen dabei alte, abgenutzte Federn durch neue, feste für den Winter und die Brutsaison. Jungvögel mausern sich zum Erwerb des Adultgefieders. Die Mauser verbraucht viel Energie und die Vögel sind teilweise flugunfähig und damit gefährdeter. Deshalb ist der Zeitpunkt entscheidend. Weibliche Greifvögel mausern sich, wenn sie brüten und sowieso nicht fliegen, Männchen dagegen erst, wenn die Jungen flügge sind und sich selbst versorgen können. Enten sind während der Mauser im Sommer vor dem Zug flugunfähig.

Ein Staubbad nehmen
Dieser Sperling nimmt, wie viele andere Vögel, regelmäßig ein Staubbad, um Parasiten und eventuell im Überschuss produziertes Bürzeldrüsensekret loszuwerden.

Baden in Wasser
Singvögel wie dieser Star waschen im Wasser zunächst Schmutz und Parasiten ab und bringen anschließend ihr Gefieder wieder in Ordnung.

Zweckmäßige Form

In der Natur wird die Form stets von der Funktion bestimmt. Faktoren wie Fluggewohnheiten, Nahrungserwerb, Lebensraum und Vogelzug haben zu unzähligen, teils hoch spezialisierten evolutionären Anpassungen geführt.

Flügel und Flug

Wie ein Vogel fliegt, hängt zu einem gewissen Grad mit der Form der Flügel zusammen. Graureihern verleihen ihre breiten, gebogenen Flügel Stabilität, Mauerseglern ermöglichen ihre sichelförmigen Flügel schnelle Flugmanöver. Grasmücken können mit ihren kleinen, abgerundeten Flügeln durch Gesträuch huschen und dennoch beim Vogelzug ganze Kontinente überqueren. Gefingerte Flügelspitzen unterstützen große Greifvögel beim Segelflug, während zugespitzte Flügel Falken noch mehr Schnelligkeit verleihen – ein Turmfalke kann damit aber auch wie an einer Schnur aufgehängt in der Luft rütteln.

Vom Wind getragen
Ein Basstölpel gleitet im Wind. Seine langen Flügel und kleinen Flugmuskeln erschweren das Fliegen bei Windstille.

Segeln
Mit den breiten gefingerten Flügeln können Adler hoch in die Luft aufsteigen und dann in die Ferne gleiten.

Leben im Flug
Sichelförmige Flügel ermöglichen Mauerseglern ein Leben im Flug auf Jagd nach Insekten.

Herumkommen
Die »Allzweckflügel« von Krähen sind optimal für ein stetiges Umherfliegen geeignet.

Schnäbel und Ernährung

Die Schnabelform kann mit den Ernährungsgewohnheiten korreliert sein. Drosseln können mit ihrem »Allzweckschnabel« Beeren fressen, nach Würmern stochern und Insekten fangen. Andere sind spezialisierter: Reiher können mit ihrem dolchartigen Schnabel Fische aufspießen und Sägern erleichtert der gezähnte Schnabel das Packen glitschiger Fische. Die Bilder zeigen Beispiele der vielen spezialisierten Schnabelformen, die sich entwickelt haben.

Filtrieren
Wasservögel wie Stockenten filtern mit ihrem Schnabel Nahrung aus Schlamm und Wasser.

Meißeln
Spechte können mit ihrem Schnabel Nisthöhlen in Stämme meißeln und unter Rinde nach Insekten stochern.

Füße und Zehen

Bei den meisten Vögeln zeigen drei Zehen nach vorn und eine nach hinten. Bei Eulen und Spechten ist für besseren Halt noch die jeweils äußere Zehe nach hinten gerichtet, während manche Watvögel gar keine Hinterzehen besitzen. Bei Singvögeln erleichtern die nach hinten gebogenen Zehen das Umgreifen von Zweigen. Füße mit Schwimmhäuten verleihen Entenvögeln im Wasser Antrieb, denselben Zweck erfüllen die gelappten Zehen der Blesshühner.

Schwimmen
Die Schwimmhäute am Fuß von Enten werden beim Rückwärtsschlag zum Antrieb gespreizt, bei der Vorwärtsbewegung des Fußes zusammengefaltet.

Klettern
Scharfe Krallen dienen vielen Vögeln zum Festhalten an Rinde. Bei Spechten sind auch die Großzehen nach hinten gerichtet und verleihen so noch besseren Halt.

Beute fangen
Gebogene, rasiermesserscharfe Krallen dienen Greifvögeln zum Fang und Transport von Beute. Eulen (Abb.) töten ihre Beute mit den scharfen Krallen.

Sitzen
Die kurze gebogene Hinterzehe umgreift den Zweig und verleiht Singvögeln wie dieser Blaumeise beim Sitzen auf Zweigen Halt.

Waten
Lange Zehen wie bei diesem Seidenreiher sind besonders zum Waten in Schlamm geeignet und bieten zusätzlichen Halt beim Nach-vorne-Beugen.

Schreiten
Kleinvögeln, die viel zu Fuß unterwegs sind, wie diese Bachstelze, Lerchen und die meisten Pieper, verleiht die lange Hinterzehe Stabilität.

Fleisch zerteilen
Greifvögel können mit dem gebogenen Schnabel Fleisch abreißen. Falken töten mit dem Schnabel.

Samen knacken
Finken knacken mit den scharfen Kanten ihrer Schnäbel mithilfe der breiten Zunge Samen auf.

Insekten fangen
Borstenfedern und die breite Schnabelbasis erleichtern Insektenfressern wie Fliegenschnäppern den Beutefang.

Stochern
Mit dem langen Schnabel kann der Brachvogel in Schlick oder Schlamm stochern und Krabben aufbrechen.

Die Sinne von Vögeln

Vögel haben die gleichen fünf Sinne wie wir, allerdings mit Anpassungen und in vielen Fällen auch Verbesserungen im Vergleich zu unseren. Außerdem sind sie zu weiteren Sinnesleistungen fähig wie räumlichem Bewusstsein und einem Richtungssinn für den Vogelzug.

Sehen und Hören

Vogelaugen enthalten mehr Lichtsinneszellen, die Informationen wahrnehmen und zum Gehirn weiterleiten, als unsere Augen. Deshalb haben Vögel ein besseres Sehvermögen. Sie können im Gegensatz zu uns Farben im Ultraviolett-Bereich wahrnehmen, und die Augen von nachtaktiven Räubern wie Eulen sind im Dämmerlicht lichtempfindlicher als unsere. Manche Arten haben erstaunliche Sehfähigkeiten: Stare können beim Picken nach Nahrung auf die innere Spitze des geöffneten Schnabels scharf stellen und gleichzeitig den Horizont nach Gefahren absuchen.

Oftmals scheint ein Vogel aufmerksam zu schauen, als hielte er nach Feinden oder Beute Ausschau, dabei lauscht er nur aufmerksam. Rufe und Gesänge spielen im Leben von Vögeln eine wichtige Rolle, deshalb hören sie auch so hervorragend. Bei Eulen liegen die Ohren hinter einem runden Federschleier, ein Ohr ist jeweils etwas niedriger positioniert. Die minimale Zeitdifferenz, mit der der Schall auf die beiden Ohren trifft, reicht aus, um ein leises Rascheln am Waldboden ganz exakt zu orten.

Schalltrichter
Der herzförmige Gesichtsschleier der Schleiereule dient der Bündelung und Lenkung des Schalls. Ein Großteil ihres Gehirns ist mit der Schallverarbeitung beschäftigt.

Tastsinn

Manche Vögel finden ihre Nahrung per Tastsinn: Schnepfen stochern mit ihrer Schnabelspitze voller Nervenendigungen im Schlamm nach Würmern, Säbelschnäbler schwenken den Schnabel durchs Wasser und ertasten dabei ihre Nahrung. Sensible Borstenfedern um den Schnabel helfen insektenfressenden Vögeln beim Beutefang im Flug und manche Arten nehmen mit biegsamen borstenartigen Daunen beim Fliegen Luftbewegungen wahr.

Auf der Zungenspitze
Mit seiner klebrigen Zungenspitze kann ein Grünspecht unter der Rinde oder in Röhren versteckte Larven ertasten und fangen.

Riechen und Schmecken

Geruchs- und Geschmackssinn sind bei vielen Vögeln nicht besonders gut ausgeprägt, Studien zufolge sind sie aber bedeutsamer als zuvor angenommen. Waldschnepfen z. B. können Würmer im Boden riechen. Vögel besitzen relativ wenige Geschmacksknospen, aber süßer Geschmack wie der von Beeren lockt sie wiederholt zu der lohnenswerten Nahrungsquelle.

Räumliches Bewusstsein

Manche Vögel wie Stare oder Knutts bilden Schwärme, die exakt synchronisierte Flugmanöver durchführen, ohne zusammenzustoßen. Woher wissen sie, wann sie seit- oder abwärts fliegen müssen? Vermutlich kann jeder Vogel mittels seines räumlichen Bewusstseins seine direkten Schwarmnachbarn verfolgen, den Rest des Schwarms aber ausblenden.

Und warum können Vögel wie Segler, Schwalben und Baumfalken so schnell fliegen, ohne irgendwo anzustoßen? Weil ihr Gehirn unwichtige optische Eindrücke herausfiltert und sie sich auf Geschwindigkeit und Abstand konzentrieren.

Staren-Akrobatik
Vögel nutzen den optischen Fluss (die scheinbare Bewegung statischer Objekte, wenn sich das Individuum selbst in der Landschaft bewegt), um ihre Geschwindigkeit und Abstände anzupassen.

Bestimmung fliegender Vögel

Vögel im Flug zu bestimmen – zumal in großer Entfernung, bei hoher Fluggeschwindigkeit oder greller Sonne – ist nicht einfach. Durch Kenntnis der Flugmuster, Flügel- und Schwanzformen kann man die Arten eingrenzen.

Charakteristische Flugmuster

Am besten beobachtet man, wie ein Vogel fliegt: Manche fliegen strikt auf gleicher Höhe geradeaus, andere wellenförmig. Große segelnde Vögel steigen energiesparend in Kreisen auf und gleiten dann. Hinweise kann auch die Art der Schwarmbildung liefern: Die Schwärme von Ringeltauben sind meist lang gezogen, die von Saatkrähen wirken ungleichmäßig und geschäftig, Möwen fliegen oft in einer Linie oder in V- oder Keilformation. Letztere ist auch bei Gänsen zu beobachten, aber sie fliegen bisweilen auch ungeordnet. Buchfinken fliegen in losen Gruppen, während Spatzen und Hänflinge dichtere Schwärme bilden. Die Schwärme von Zeisigen sind dicht und stark synchronisiert, bei Gimpeln synchronisieren sich nur einzelne miteinander. Kolkraben fliegen oft paarweise dicht hintereinander. Also daran denken, auf Flugmuster, Schwarmbildung und Flügelbewegungen zu achten!

Geradeaus
Reiher und andere Wasservögel fliegen oft strikt geradeaus.

Wellenförmig
Spechte fliegen stark wellenförmig, Finken, Meisen und Spatzen fliegen oft schneller und unruhiger auf und ab, v. a. Blaumeisen.

Flattern und Gleiten
Bei so verschiedenen Vögeln wie Sturmtauchern, Schwalben, Fasanen und Sperbern wechseln Flatter- und Gleitphasen ab.

Unstet
Eulen fliegen recht langsam, flattern unregelmäßig und wechseln häufig die Richtung.

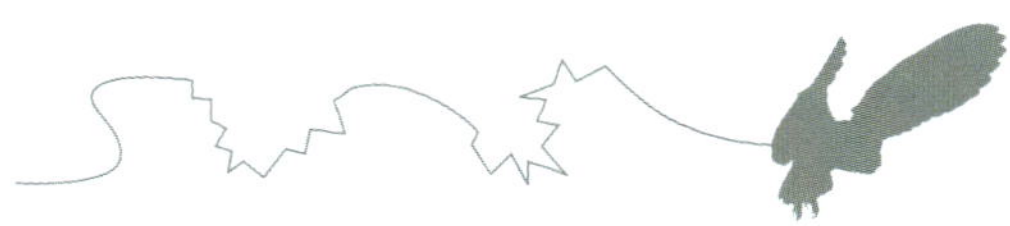

Segeln
Adler, Bussarde und Falken gewinnen durch kreisendes Segeln in Aufwinden, ohne mit den Flügeln zu schlagen, an Höhe und gleiten dann lange geradeaus.

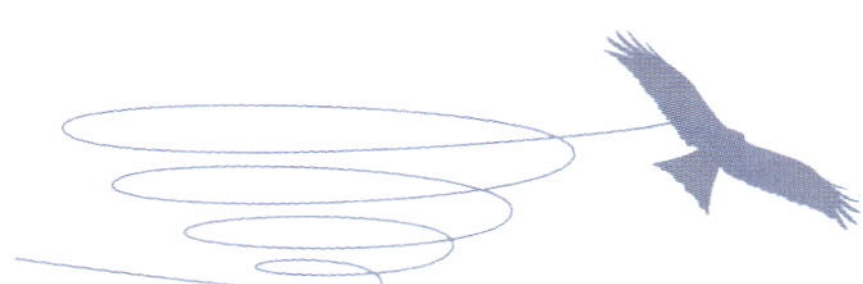

Form und Zeichnung
Die großen zugespitzten Flügel und der lange gerade Schnabel deuten auf eine Schnepfe hin. Das weiße Dreieck am Bürzel und das Fehlen der weißen Flügelbinde weisen sie als Pfuhlschnepfe aus.

Charakteristische Form

Durch die Kombination aus Flügel- und Schwanzform, langem oder kurzem Hals, und ob dieser im Flug ausgestreckt ist oder nicht, ergeben sich unterschiedliche Flugsilhouetten. Das gilt für Reiher, Rotmilane und andere große Vögel wie auch für kleinere wie Mauersegler und Schwanzmeisen.

Raubvögel lassen sich anhand der Flügelform gruppieren in Arten mit zugespitzten (Falken) und breiten Flügeln (wie Bussarde), und ob sie die Flügel beim Fliegen waagrecht halten oder beim Segeln anheben. Aber nicht alle großen segelnden Vögel sind Greifvögel. Auch Saatkrähen und sogar Kormorane kann man am Himmel Kreise ziehen sehen. Die meisten »Segelflieger« in großer Höhe sind wahrscheinlich sogar Möwen. Der Schwanz kann zugespitzt, abgerundet, leicht oder stark gegabelt, eckig oder fächerförmig sein. Im Flug dient er als Ruder zur präzisen Steuerung und Höhenregulierung. Trotz unterschiedlicher Schwanzform zeigen viele Vögel aber ähnliche Flugmuster. Letztendlich kommt es also darauf an, genau zu beobachten und zu lernen, das Gesehene richtig einzuschätzen.

In großer Höhe oder bei hoher Fluggeschwindigkeit sind Zeichnungen und selbst die Grundfarbe nur schwer zu erkennen. Durch Einbeziehen von Silhouette, Flugstil und -muster lässt sich die Auswahl infrage kommender Vögel deutlich eingrenzen.

Welche Vögel bilden Schwärme und warum?

Manche Vögel sieht man selten allein, andere dagegen – mit Ausnahme von Familiengruppen – nur selten oder nie in Schwärmen. Schwärme zu beobachten ist faszinierend, etwa bei der Nahrungssuche auf Feldern oder auf dem Wasser, vor allem aber bei ihren unglaublichen Flugmanövern.

Vorteile bei der Nahrungssuche

Manche Vögel bilden gezwungenermaßen Kolonien, weil gute Nistplätze begrenzt sind, wie bei Seevogelkolonien. Die Schwarmbildung anderer Vögel hängt oft mit der Nahrungssuche zusammen. Wenn auf weiter Fläche die Nahrung spärlich verteilt ist, sehen viele Augenpaare mehr als eines. Viele Waldvögel sind in der Brutsaison im Sommer bei reichlichem Nahrungsangebot territorial, bilden anschließend aber Schwärme. Es gibt sogar gemischte Schwärme aus Meisen, Baumläufern und sogar Spechten. Vorteil hiervon ist möglicherweise weniger Konkurrenz um genau die gleiche Nahrung. Es gibt jedoch viele Varianten: An manchen Stellen mit reichlich Nahrung brüten Distelfinken in Kolonien, einige Arten wie Eider- oder Trauerenten suchen in Schwärmen nach Nahrung, andere Wasservögel alleine, Kormorane und Krähenscharben mal im Schwarm und mal alleine.

Schutz und Vogelzug

Viele Augen bemerken auch eher einen sich nähernden Räuber, ob am Boden oder in der Luft. Arten wie Zaunkönige bleiben hingegen Einzelgänger und verlassen sich auf ihre Tarnung.

Viele Vögel ziehen allein oder in Kleingruppen, aber manche Arten, wie Schwalben, bilden riesige, jedoch sehr locker verbundene Schwärme. Jungvögel kennen oft intuitiv die Zugrichtung, nicht aber das Ziel. Um auch die Entfernung zu lernen, fliegen viele daher im Schwarm mit Altvögeln. Aber auch das gilt längst nicht für alle: Ein junger Kuckuck z. B. zieht völlig allein. Es lohnt sich immer, in ziehenden Gruppen nach unerwarteten »Mitreisenden« Ausschau zu halten. Ziehenden und überwinternden Gruppen schließen sich häufig andere Vögel an und tauchen dann mit dem Schwarm an für sie unerwarteten Orten auf.

Eine Krähe allein …
Saatkrähen gehen angeblich in Schwärmen auf Nahrungssuche, Aaskrähen allein. Das stimmt zwar nicht ganz, aber meist bestehen lärmende Schwärme aus Saatkrähen oder aus Saatkrähen und Dohlen.

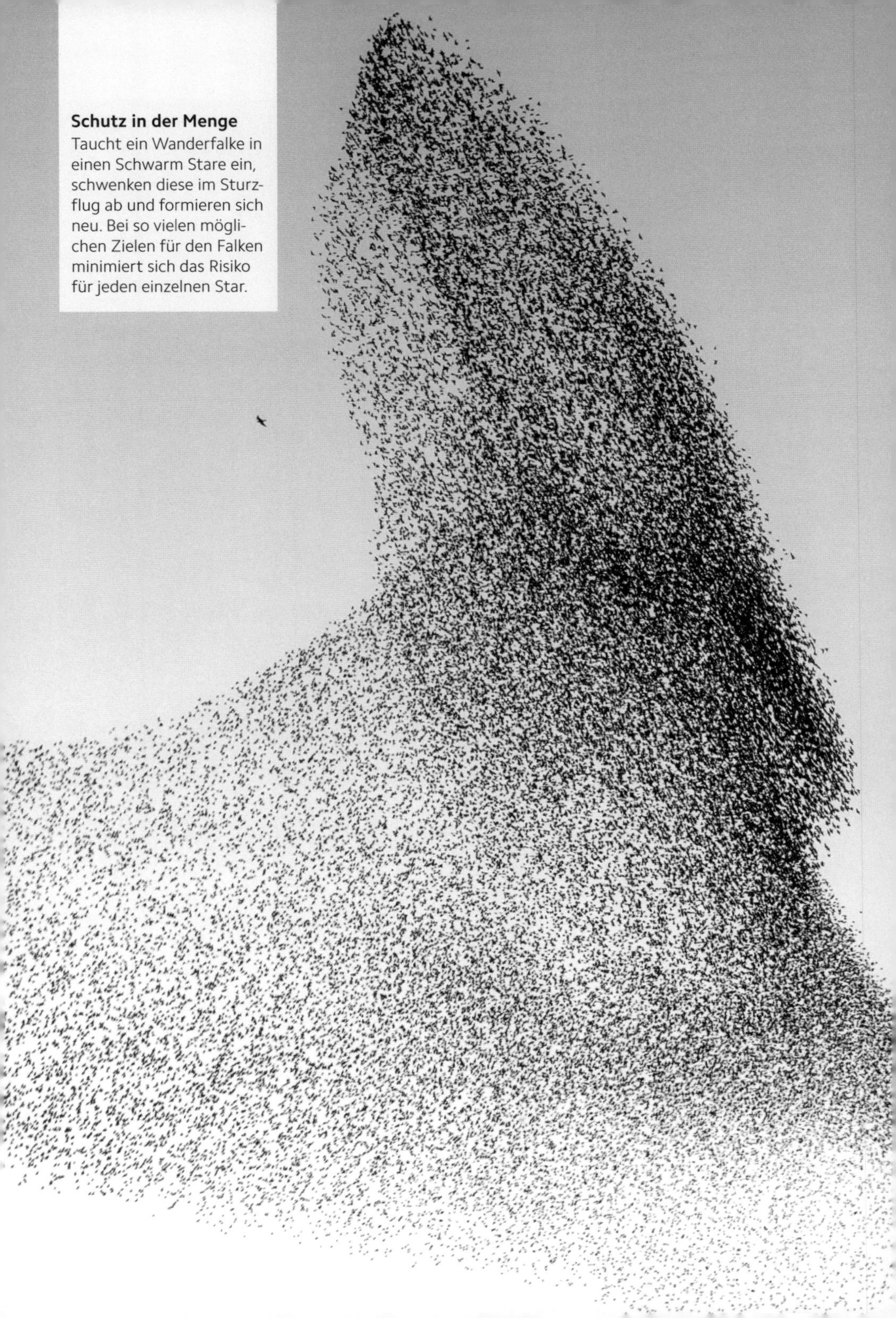

Schutz in der Menge
Taucht ein Wanderfalke in einen Schwarm Stare ein, schwenken diese im Sturzflug ab und formieren sich neu. Bei so vielen möglichen Zielen für den Falken minimiert sich das Risiko für jeden einzelnen Star.

»Hochbett« über der Stadt
Selbst in Städten bilden Bachstelzen Schlafgemeinschaften, um sich gegenseitig zu wärmen. In kalten Nächten kostet der Erhalt der Körperwärme Kleinvögel viel Energie.

Mit dem Strom schwimmen
Wie viele andere Watvögel gehen Austernfischer bei Ebbe auf den freiliegenden Schlickflächen auf Nahrungssuche und ruhen bei Flut oberhalb der Wasserlinie.

Schlafgemeinschaften

Vögel schlafen allein oder bilden Schlafgemeinschaften. Das Schlafen an gemeinschaftlichen Schlafplätzen bietet ihnen Sicherheit, Wärme und manchmal auch Kommunikation untereinander.

Wärme und Sicherheit

Nach einem langen Tag, ausgefüllt mit Nahrungssuche, Jungenaufzucht oder Vogelzug, können sich Vögel am Schlafplatz erholen und ihr Gefieder pflegen. Ein gemeinsamer Schlafplatz bei Nacht (oder in Küstengebieten bei Flut, wenn die Nahrungsgründe der meisten Vögel überschwemmt sind) bietet die Sicherheit vieler Augenpaare. Deshalb tun sich manche Arten, die tags allein auf Nahrungssuche gehen, nachts zu Schwärmen zusammen. Ein weiterer Vorteil ist, dass geeignete Schlafstellen von vielen Individuen gemeinsam genutzt werden können, z. B. über Wasser (wie Stare im Schilf) oder in großer Höhe (wie Saatkrähen in Baumkronen). Kleinvögel müssen den ganzen Tag über fressen, um ausreichend Energie zu speichern. In kalten Nächten wärmen sie sich dann in einer Schlafgemeinschaft gegenseitig und sparen dadurch Energie.

Einzelschlafplatz
Nach nächtlicher Jagd schläft ein Waldkauz tagsüber versteckt in einer Baumhöhle oder hoch oben in einem Nadelbaum. Man sollte daher auf verräterischen weißen Kot am Stamm oder am Boden achten.

Altersbonus

An großen Schlafplätzen, z. B. im Wald, ergattern ältere Vögel oft die besten Plätze in der Mitte der Gemeinschaft. Dort ist es am wärmsten und sichersten vor Räubern. Jüngere werden an die kälteren Ränder gedrängt, wo sie eher Feinden zum Opfer fallen oder den Kot der anderen abbekommen! In Schlafgemeinschaften von Saatkrähen werden Informationen über gute Nahrungsgründe weitergegeben, oder die Vögel folgen am nächsten Morgen einfach ihren bestgenährten Artgenossen.

Saatkrähen tauschen am Schlafplatz offenbar Informationen über die besten Nahrungsgründe aus.

Verräterische Rufe
Auch wenn man den im Schilf versteckten Schilfrohrsänger vielleicht nicht sehen kann, sein sich wiederholender rhythmisch zirpender Gesang ist bestimmt zu hören.

Rufe, Gesänge und mehr

Sehr häufig verrät ein Vogel seine Anwesenheit durch Lautäußerungen, ist also zunächst nur zu hören, lange bevor man ihn zu Gesicht bekommt. Neben Rufen und Gesängen erzeugen manche Vögel noch andere spezifische Geräusche, durch die man sie aufspüren kann.

Nicht nur Rufe und Gesänge

Es wäre falsch zu glauben, Vögel könnten nur rufen oder singen. Sie haben noch wesentlich mehr Geräusche in ihrem Repertoire wie Trommeln, Dröhnen und Flügelschlagen. Speziell bei dichter Vegetation wie Schilfröhrichten oder im Wald sollte man genau hinhören, dann wird man Geräusche von Vögeln vernehmen, die gar nicht zu sehen sind: z. B. das Klopfen von Kohlmeisen, das Picken eines Kleibers auf eine Nuss oder in Rinde verkeilte Samen oder das leise Knacken, wenn ein Kreuzschnabel einen Fichtenzapfen öffnet, und den Aufprall des Zapfens auf dem Boden, wenn er ihn wegwirft.

Tauben rufen nicht im Flug (mit Ausnahme der Türkentaube), kommunizieren aber häufig durch ein lautes »Klatschen« mit den Flügeln, besonders auffällig ist dies bei Ringeltauben. Oft erzeugen ihre Flügel beim Fliegen auch ein Pfeifgeräusch. Sing- und Zwergschwäne produzieren mit ihren großen Flügeln ein pfeifendes Rascheln. Bei Höckerschwänen ist das Flügelgeräusch – ein melodisch pulsierendes Brummen – sehr viel lauter und auf weite Entfernung zu hören.

Headbanger

Auch im Wald sind auffallende Geräusche zu vernehmen. Bei Spechten erfüllt das »Trommeln« die Funktionen des Vogelgesangs. Sie hämmern mit dem Schnabel in schneller Folge gegen einen Ast (oder ersatzweise einen Telegrafenmast) und erzeugen so abgehackte Laute, die weithin durch den Wald dringen.

Das Meckern der Bekassine
Wenn eine Bekassine bei der Balz zum Sturzflug ansetzt, geraten dabei die steifen äußeren Schwanzfedern in Schwingung und erzeugen ein Geräusch, das dem Meckern einer Ziege ähnelt.

Warum Vögel singen

Warum machen sich manche Arten so lautstark bemerkbar, obwohl die Gesänge ihre Anwesenheit verraten? Wie schaffen es Vögel, so laut und ausdauernd zu singen? Und was unterscheidet Rufe und Gesang?

Was teilen Vögel mit?

Im Wesentlichen singen Vögel aus zwei Gründen: um eine Partnerin anzulocken (»hör mich an, ich bin fit und stark«) und um ihr Revier zu verteidigen (»dies ist mein Revier, bleib fern«). Zudem verwenden Vögel »Kontaktrufe«, um bei der Nahrungssuche oder im Flug mit Artgenossen in Verbindung zu bleiben. Diese klingen bei verwandten Arten häufig ähnlich. Durch spezielle Membranen in ihrem Kehlkopf können Vögel zweistimmig zwitschern und singen. Manche, wie die Feldlerche, erstaunen durch ihren ununterbrochenen Dauergesang. Teils lernen die Vögel die artspezifischen Rufe und Gesänge schon im Ei, teils aber auch erst während ihres ersten Vogelzugs. Einige Jungvögel übernehmen einen »Dialekt« von ihren Eltern (Buchfinken z. B. klingen ja nach Region unterschiedlich), manche lernen, andere Vögel oder Geräusche nachzuahmen (wie Klingeltöne von Handys).

Gesang oder Ruf?

Tagsüber und ganz besonders in der Morgendämmerung lassen vor allem die Männchen vieler Vogelarten melodische Gesänge ertönen. Rufe sind kürzer und funktionaler, wie Kontaktrufe, Alarmrufe und das Futterbetteln der Jungvögel. Ein Männchen muss den Weibchen seine Paarungsbereitschaft kundtun, und je dichter die Vegetation des Lebensraums ist, desto lauter und durchdringender sind seine Rufe (wie das Dröhnen einer Rohrdommel im Röhricht). Warnrufe sind oft verhalten und schwer zu orten, Kontaktrufe dagegen sehr viel deutlicher, um die Position des Vogels mitzuteilen.

Ruf nach mehr
Hungrige Starenjunge teilen ihren Eltern durch Bettelrufe mit, dass sie mehr Futter haben möchten.

Fluggesang
Als Bodenbrüter hat die Feldlerche keinen Ansitz und singt ihr herrliches Lied deshalb am Himmel.

Akustisch und optisch
Das Wintergoldhähnchen unterstreicht seinen rhythmischen Gesang durch Aufstellen seiner orangen Haube.

Lautstarke Kaskade
Trotz seiner winzigen Statur singt ein Zaunkönig laut, lang anhaltend und schmetternd. Eine lange Reihe hoher Töne wird dabei immer wieder von Trillern unterbrochen.

Gesang und Rufe erkennen

Wäre es nicht wunderbar, die Gesänge verschiedener Vögel erkennen zu können? Zum Einstieg kann man eine App zuhilfe nehmen, aber es lohnt die Mühe, sich die Gesänge einzuprägen. Die Sprache der Vögel zu lernen, braucht jedoch Zeit – also geduldig bleiben!

Hören und Sehen

Am weitaus besten kann man sich einen Gesang einprägen, wenn man den Vogel hört und gleichzeitig sieht, dann bleibt der Gesang im Gehirn haften. Natürlich kann man den Gesang ganz einfach mittels einer App auf dem Smartphone bestimmen oder sich Aufnahmen auf Internetseiten anhören, aber dabei lernt man nicht, Gesang und Art in Verbindung zu setzen.

Genau wie man nicht nur schauen, sondern richtig *hinsehen* sollte, sollte man auch nicht nur hören, sondern wirklich *lauschen*. In einen Kontext eingebunden erinnert man sich besser: an den Abendruf des Rebhuhns auf dem Feld oder das grummelige Schnattern von Ringelgänsen an einer Flussmündung.

Protokoll führen

Am besten schreibt man das Gehörte auf, wenn das hilft, sich daran zu erinnern. Man kann den Gesang mit eigenen Worten beschreiben, um ihn für sich festzuhalten, oder Beschreibungen wie zirpend, trillernd, schrill, schnarrend oder fließend verwenden. Das macht die Art des Gesangs »greifbarer«. Auch Frage- und Ausrufezeichen sind sinnvoll. Struktur oder Form kann man lautmalerisch notieren (»tschip«, »kiwitt« usw.) und durchaus mit künstlerischer Freiheit (etwa den Ruf »Kuckuck«, der sich eher nach »u-uuh« anhört, was aber auch nicht dem wahren Klang entspricht). Das spricht aber nicht gegen die Verwendung einer App, die dabei helfen kann, den Klang herauszuhören und das Gehörte zu bestimmen. Oft kann man damit auch Aufnahmen machen und zu einem späteren Zeitpunkt nochmals abspielen, um das Gelernte zu festigen. Die Rufe und Gesänge mit viel Geduld selbstständig zu lernen, ist gleichzusetzen mit dem Verstehen einer Sprache, statt sich alles vom Smartphone übersetzen zu lassen.

Das Gesamtbild
Wie der Ruf dieses Rebhuhns stehen viele Vogelklänge mit bestimmten Lebensräumen, Tages- oder Jahreszeiten in Zusammenhang. Das kann beim Einprägen hilfreich sein.

Los geht's!

Hier sind fünf relativ charakteristische Gesänge angeführt, anhand derer man das Erkennen von Vogelstimmen »üben« kann. Diese Vögel sind in vielen Parks und Gärten anzutreffen und haben unverkennbare Gesänge, die man verhältnismäßig einfach erlernen kann – vor allem, wenn man die Vögel beim Singen beobachtet.

Kohlmeise
Das hohe »zi-zi-bäh« oder »tsi-da« erinnert ein wenig an eine quietschende Luftpumpe.

Rotkehlchen
Der perlende, melodische Gesang mit Trillern, Pfeifen und Pausen klingt wie »twiddel-uh, twiddel-idie, twiddel-uh twiddel«.

Singdrossel
Sie variiert ihren Gesang, wiederholt aber jede Phrase vor der nächsten bis zu dreimal. Das macht kein anderer häufiger Singvogel.

Star
Quäken, Rätschen, Pfeifen und seltsame Töne bilden den nicht besonders melodischen Gesang. Er kann mehr als eine Minute andauern.

Amsel
Die tiefen, flötenartigen Melodien sind lauter als die des Rotkehlchens, aber ohne Wiederholungen wie bei der Singdrossel.

Verwendung einer App

Es gibt viele Apps zur Bestimmung von Vogelstimmen, mit unterschiedlicher Genauigkeit. Man sollte eine zur Region passende wählen und daran denken, das Smartphone vollständig aufzuladen, wenn man die Vogelstimmen im Gelände per App bestimmen möchte.

Mit einer Vogelstimmen-App kann man herausfinden, nach welchen Vögeln man Ausschau halten sollte.

Einen Partner finden

Bei der Balz verfolgen Vögel vor allem zwei Strategien: optische Zurschaustellung und akustische Darbietung. Die Methoden zur Partnerfindung sind vielfältig, farbenprächtig und oft spektakulär.

Optische Zurschaustellung

Die üblicherweise von den Männchen vollführte Balz erfüllt im Wesentlichen zwei Funktionen: zuschauende Weibchen zu beeindrucken (bzw. die bestehende Paarbindung zu stärken) und männliche Rivalen zu vertreiben. Bei vielen Arten ist das Gefieder der Männchen weitaus farbenprächtiger als das der Weibchen und sie versuchen, damit die Aufmerksamkeit der Weibchen zu gewinnen, teilweise verbunden mit bestimmten Geräuschen und Aktionen. Das Gefieder muss in perfektem Zustand sein, um die Weibchen davon zu überzeugen, der bestmögliche Freier zu sein. Weibliche Blaumeisen wählen Männchen z.B. danach aus, wie weiß ihre Wangen sind. Daran erkennen sie, dass das Männchen nach Aufzucht der letztjährigen Brut noch genügend Energie hatte, um starke neue Federn zu bilden. Manche Arten haben ein spezielles Balzgefieder, wie die Schwanzfedern des Birkhahns, der Schwanz des Fasanenhahns oder die Haube des Kiebitz-Männchens.

Bei einigen Arten findet die Balz gemeinschaftlich statt, etwa bei der Arenabalz der Birkhühner, an der jeweils mehrere Männchen und Weibchen teilnehmen. Einzeln balzen u.a. Feldlerche, Kiebitz und Wiesenpieper, die grazile Singflüge zeigen, um eine Partnerin anzulocken. Die

Spektakuläre Sturzflüge
Um ein Weibchen zu beeindrucken, vollführt ein Kiebitz akrobatische Sturzflüge und erzeugt dabei ein »Wummern« mit den Flügeln.

»Fallschirm«-Balz
Wiesenpieper steigen beim Singflug senkrecht auf und gleiten dann mit halb geöffneten Flügeln und aufgestelltem Schwanz zu Boden.

Schwanzschütteln
Bei der Arenabalz fächern Birkhähne ihre Schwanzfedern auf, nehmen eine Pose ein und machen blubbernde Geräusche.

Balz kann ein komplexes Zusammenspiel von Bewegungen und Lauten sein, wie etwa bei den rhythmischen Balztänzen von Haubentaucher-Paaren. Monogame Paare können im Laufe der Zeit ihre ganz eigenen Rituale entwickeln.

Ein Ständchen für die Liebste

Im Zuge der Balz setzen manche Arten Rufe, Gesänge oder andere Geräusche ein, wie Gurren oder Flügelschlagen. Vögel wie Rotkehlchen singen von einem Ansitz aus, andere, wie die Feldlerche, im Flug. Manche Männchen halten sich strikt an ein artspezifisches Gesangskonzept, während andere Verhaltensweisen und Klänge von Artgenossen oder sogar anderen Arten nachahmen. Bei einigen Arten lassen sich sogar regionale »Dialekte« bei ihren Rufen und Gesängen unterscheiden.

Balz-Konkurrenten
Schellenten-Erpel konkurrieren bei einer gemeinsamen Balz aus Rufen, Posen und Gesten auf dem Wasser um die Gunst eines Weibchens.

Nester und Nistplätze

Vogelnester sind äußerst vielfältig in Machart, Form und Wahl des Nistplatzes. Sie reichen vom »klassischen« Napfnest aus Zweigen in einem Baum über ausgescharrte Kuhlen am Boden bis zu komplexen Bauwerken.

Hohe Baukunst und Minimalismus

Nester sind nicht das »Zuhause« der Vögel, sie dienen lediglich der Eiablage und oft auch der Aufzucht der Jungen. Manche Vögel stecken wesentlich mehr Mühe in den Bau ihres Nests als andere. Das Nest des Sandregenpfeifers besteht lediglich aus ein paar am Strand gesammelten Steinen, das der Schwanzmeise ist hingegen ein Meisterwerk aus mit Spinnweben verwobenen Federn und Flechten. Während Bussarde, Habichte und Milane Horste aus Zweigen bauen, nutzen Falken verlassene Krähennester oder legen die Eier auf spärlich gepolsterte Felsvorsprünge. Höhlenbrüter wie Blau- und Kohlmeisen nutzen bereits vorhandene Höhlen, Spechte dagegen zimmern ihre eigenen. Die großen Zweignester von Krähen und Raben sowie die kugelförmigen Nester von Elstern sind leicht zu entdecken.

Der richtige Ort zum Nestbau

Verschiedene Arten sorgen jeweils auf ihre Weise dafür, dass ihre Eier geschützt sind. Viele nisten hoch auf Bäumen oder Felsvorsprüngen, Rotkehlchen an Böschungen oder zwischen Wurzeln versteckt und Bachstelzen manchmal in Holzstapeln. Haubentaucher errichten Schwimmnester, Blesshühner bauen ihre in seichtem Wasser vom Grund aus. Manche Vögel brüten in Kolonien, teils in hohen Bäumen, teils auf kleinen Felsinseln. Wenn man bemerkt, dass Vögel hektisch um eine Hecke herum flattern oder nachdrücklich rufen, ist man womöglich deren Nest zu nahe gekommen. Man sollte die Vögel keinesfalls stören, da sie sonst vielleicht ihr Nest aufgeben oder ein Räuber darauf aufmerksam wird.

Unterm Dach
Mehlschwalben bauen ihre Schlammnester unter Dachvorsprüngen.

Am Boden
Die Eier des Sandregenpfeifers sind zwischen den Kieselsteinen gut getarnt.

Auf Felssimsen
Trottellummen legen ihre Eier auf den blanke Felsvorsprünge.

In einem Baum
Das mollig weiche Nest einer Schwanzmeise ist mit bis zu 1500 Federn ausgekleidet und durch Flechten getarnt.

Jungenaufzucht

Es ist artspezifisch und sehr unterschiedlich, wie viele Eier ein Weibchen legt, welche Farbe sie haben und was nach dem Schlüpfen passiert. Auch der Standort des Nestes spielt eine Rolle.

Gelege und Bruten

Als Gelege bezeichnet man die Eier eines Nests, die daraus schlüpfenden Küken sind die Brut. Hierbei gibt es unzählige Varianten: Höhlenbrüter haben oft weiße, im Dunkeln besser erkennbare Eier, bei anderen (wie Rotkehlchen) sind sie tarnfarben oder sogar himmelblau (wie bei Singdrosseln). Seevögel legen meist nur ein oder zwei Eier, Meisen dagegen zehn und mehr. Manche Vögel ziehen pro Jahr nur eine Brut auf, andere drei oder vier. Bei überreichlichem Nahrungsangebot wird bisweilen eine einzelne große Brut aufgezogen, andere haben bei geringerem Nahrungsangebot den Sommer über mehrere kleine Bruten. Selbst ähnliche Arten verfolgen mitunter verschiedene Strategien: Waldkäuze nisten immer im selben Revier und legen nur wenige Eier, während Sumpfohreulen immer dorthin ziehen, wo es Nahrung gibt, und in manchen Jahren viele Eier legen, in anderen gar keine.

Nestflüchter – Nesthocker

Manche Küken, vor allem die von Bodenbrütern, sind »Nestflüchter«, d.h., sie sind beim Schlüpfen schon recht mobil und können selbst Nahrung suchen. Andere Küken sind »Nesthocker«: Sie bleiben so lange im Nest, bis sie vollständig befiedert sind und flügge werden (erstmals fliegen). Sie fallen leicht Räubern zum Opfer und müssen von den Eltern gefüttert werden. Bisweilen werden sie sogar schwerer als ihre Eltern, weil sie Energiereserven für ihren ersten Flug anlegen müssen.

Noch nicht flugbereit
Höckerschwan-Küken sind schon im Ei gut entwickelt und können unmittelbar nach dem Schlüpfen schwimmen und selbst Nahrung suchen. Bis sie fliegen können, dauert es aber 17–22 Wochen.

Das richtige Timing
Blaumeisen stimmen das Schlüpfen ihrer Küken zeitlich mit dem Auftreten von Frostspanner-Raupen ab, deren Lieblingsnahrung. Jedes Küken vertilgt davon bis zu 100 Stück am Tag.

Nahrung finden

Die Nahrungssuche nimmt bei vielen Vögeln einen Großteil des täglichen Lebens ein. Verschiedene Arten haben dafür ihre eigenen Methoden entwickelt, von physischen Anpassungen bis zu Verhaltensstrategien. Lebensraumverlust und Klimawandel verschärfen die Herausforderungen.

Nahrungsbedarf

Nur wenige Vögel können längere Zeit fasten. Speziell kleine Vögel müssen ständig fressen, um zu überleben, insbesondere, wenn der Vogelzug bevorsteht, oder an den kalten Tagen und langen Nächten im Winter, wenn es sie viel Energie kostet, ihre Körpertemperatur konstant zu halten.

Für manche Vögel ist es vorteilhaft, im Schwarm auf Nahrungssuche zu gehen, andere haben sich zu Spezialisten entwickelt. Die klebrige Zunge des Grünspechts eignet sich ausgezeichnet zum Aufsammeln von Ameiseneiern, der gezähnte Schnabelrand von Sägern ist perfekt geeignet zum Festhalten zappelnder Fische. Andere nutzen statt besonderer Anpassungen spezielle Techniken: Silbermöwen lassen Schalentiere auf Felsen fallen, um sie aufzubrechen, und Singdrosseln schlagen Schneckenhäuser gegen Steine. Einige Vogelarten, wie Kleiber oder Eichelhäher, legen sogar Nahrungsvorräte an, weitere bestehlen einfach andere Arten: Mantelmöwen z. B. jagen anderen Seevögeln ihre Beute ab.

Clevere Strategien
Austernfischer hämmern Muschelschalen auf oder hebeln die beiden Hälften mit ihrem Schnabel auseinander.

Evolutive Anpassungen
Der pinzettenartige Schnabel des Kreuzschnabels ist ideal dazu geeignet, die Samen aus Fichtenzapfen zu holen.

Das Habitat ist lebenswichtig

Das Vorhandensein unbelasteter Lebensräume ist lebenswichtig. Lappentaucher, Reiher, Eisvögel, Gänsesäger, Dreizehenmöwen und Seeschwalben ernähren sich von Fischen, die nur in sauberem Wasser gedeihen. Eine Verschmutzung wäre für sie katastrophal. Entsprechend benötigen Vögel in Mündungsgebieten reiche Nahrungsgründe im feuchten Schlick, der von den Tiden immer wieder überspült und erneuert wird. Verschmutzung, Erwärmung und Überfischung der Meere beeinträchtigen Vogelpopulationen. Agrarflächen boten einst vielen Vögeln reichlich Nahrung. Aufgrund der Intensivierung der Landwirtschaft gibt es aber weniger Wiesen, auf denen Eulen und Falken Beute jagen können, weniger sichere Nistplätze für Kiebitze und weniger Stoppelfelder, auf denen früher riesige Schwärme aus Finken, Spatzen und Ammern Nahrung fanden. Der Einsatz von Pestiziden hat drastisch die Zahl der Insekten reduziert, von denen sich Schwalben, Lerchen und viele andere Vögel ernähren. In Zukunft wird die Balance durch regenerative und wildtierfreundliche Agrarmethoden hoffentlich wiederhergestellt.

Fressen im Schwarm
Ist vorübergehend reichlich Nahrung vorhanden, bilden Hänflinge und andere Finken zur Nahrungssuche häufig gemischte Schwärme.

Die Bedeutung von Randflächen
In Hecken, an Feldränder und Ruderalflächen wachsen viele für Vögel lebenswichtige heimische Pflanzen wie diese Distel, von deren Samen sich der Stieglitz ernährt.

Mit Nilpferden vertraut
Flussuferläufer brüten im Sommer an den Flüssen Europas. Den Winter verbringen sie in den Feuchtgebieten Afrikas.

Wo fliegen sie hin?

Der Vogelzug war lange eines der großen Mysterien der Natur: Ungefähr die Hälfte aller nordeuropäischen Vogelarten zieht jährlich. Woher wissen diese aber, wohin und wann sie ziehen müssen?

Unglaubliche Reisen

Hauptgrund für den Vogelzug ist ein möglichst reichhaltiges Nahrungsangebot. Diese Sichtweise wird aber nicht den eindrucksvollen oder gar epischen Flügen gerecht, die Navigationsfähigkeiten und Ausdauer erfordern und voller Gefahren sind.

Man stelle sich vor, man sei ein Heranwachsender ohne besondere Kenntnisse, ohne Landkarten, Wegweiser, Bücher, Fernsehen oder Internet, und würde eines Tages den unwiderstehlichen Drang verspüren, nach Afrika zu reisen. Woher wüsste man, dass es Afrika überhaupt gibt, geschweige denn, wo es liegt? Dennoch bräche man auf, um den Winter in Afrika zu verbringen und ohne fremde Hilfe wieder in denselben Garten zurückzukehren. Genau das machen Kuckucke, Schwalben, Laubsänger oder Grasmücken. Diese Vögel kehren auf wundersame Weise zum selben Baum oder zur selben Scheune zurück, wo sie im Vorjahr gebrütet haben oder selbst aufgezogen wurden.

Manche Vögel wie Fischadler, Flussseeschwalben und Mauersegler ziehen nach Afrika und kommen erst Jahre später wieder, wenn sie geschlechtsreif sind. Watvögel legen weite Distanzen aus dem hohen Norden über die komplette Arktis und subarktische Regionen zurück, um den Winter in unseren Mündungsgebieten zu verbringen. Zwergschwäne und Ringelgänse kommen jedes Jahr im Herbst aus Sibirien und kehren im Frühjahr dorthin zurück. Seevögel verbringen den Winter auf See, häufig unmittelbar über den Wellen, kehren aber zielsicher zu den heimatlichen Klippen und Inseln zurück.

Meister der Navigation

Manche Arten nehmen den direkten Weg, andere gewundene Routen entlang von Landmarken. Einige fliegen auf gleichem Weg hin und zurück, andere machen eher eine »Rundreise«. Manche machen unterwegs Halt zum Fressen, andere bewältigen die ganze Reise ohne Stopps. Über kurze Distanzen, zumindest über Land, können Landmarken zur Orientierung dienen. Häufiger sind Vögel jedoch auf Magnetfeldortung mittels eines magnetischen Minerals in ihrer Schnabelhaut und speziellen Zellen in ihren Augen angewiesen. Zudem orientieren sie sich am Stand der Sonne und Sterne.

Woher wissen sie aber, welche Richtung sie einschlagen und wann und wie weit sie fliegen müssen? Ein Großteil der Informationen bezüglich Richtung und Entfernung ist erstaunlicherweise in ihren Genen gespeichert. Eine innere Uhr sagt ihnen zudem, wann es Zeit zum Aufbruch ist. Weil sie auch aus Erfahrung lernen, ist ihr erster Vogelzug immer der gefährlichste.

Verräterische Hinweise

Anhand eindeutiger Hinweise kann man mit geschultem Auge Aktivitäten von Vögeln erkennen, obwohl sie selbst gerade nicht zu sehen sind. Mit etwas detektivischem Spürsinn lässt sich herausfinden, welche Vögel da sind.

Zeichen der Anwesenheit
Um Nester zu finden, sollte man nicht nur in Bäumen suchen, es können auch nur Zweige auf einem Felsvorsprung sein oder gegrabene Röhren in einer Sandböschung. Vogelexkremente am Boden oder an Dachbalken verraten Schlafplätze. Der schwarze Anteil ist Kot, der weiße Urin (da Vögel als Schutz vor Austrocknung Wasser sparen, ist dieser nicht besonders flüssig). Manchmal findet man auch ausgewürgte Gewölle auf dem Boden. Sie enthalten alle unverdaulichen Bestandteile der Nahrung wie Haare, Knochen, Schuppen, Federn oder auch nur Samenhülsen. Zwar erzeugen viele Vögel Gewölle, am ehesten findet man aber die von Eulen, Greifvögeln oder vielleicht Eisvögeln und Reihern.

Andere Zeichen für den Nahrungserwerb von Vögeln können in einen Baumstamm gemeißelte Löcher von Spechten sein oder in Rindenspalten verkeilte Haselnüsse. Womöglich hat ein Specht oder Kleiber versucht, die Nuss aufzuhämmern.

Hinweise auf Vögel findet man oft am Boden – also nicht nur nach oben schauen!

Mulden in Baumrinde
Halte nach Mulden in Baumstämmen Ausschau. Vielleicht schläft dort ein Baumläufer.

Höhlen am Steilufer
Uferschwalben graben ihre Brutröhren tief in sandige Böschungen in Ufernähe.

Gewölle am Boden
Eulen und andere Vögel speien die unverdaulichen Reste ihrer Nahrung als Gewölle aus.

Sonstige Aktivitätshinweise

In einer Höhle oder auf dem Boden verstreute Federn können von einem sich mausernden Vogel in der Nähe stammen oder von der kürzlich getöteten und gerupften Beute eines Greifvogels, vor allem, wenn es sich um flauschige Daunenfedern handelt. Bisweilen findet man auch zerbrochene Eierschalen auf dem Boden, das bedeutet aber nicht unbedingt, dass ein Nest in unmittelbarer Nähe ist. Oft lassen Vogeleltern Schalenreste irgendwo weit weg vom Nest fallen, um von dessen Standort abzulenken. Oder das Ei wurde geraubt. Das kann man mitunter sogar an den Schalenresten erkennen. Beim Schlüpfen des Kükens zerbricht das Ei relativ glatt in zwei Hälften, bei erbeuteten Eiern sind die Schalenfragmente eher unregelmäßig.

Gespenstisches Zeichen
Glas verwirrt Vögel, oft endet der Flug gegen eine Fensterscheibe tödlich. Hier hat der Aufprall einer Taube mit hoher Geschwindigkeit einen deutlichen Abdruck hinterlassen.

Löcher in Baumstämmen
Spechte meißeln auf der Suche nach Insektennahrung Löcher in Baumstämme.

Leere Kiefernzapfen
Ein komplett von Samen befreiter Kiefernzapfen verrät einen tüchtigen Kreuzschnabel.

Bruchstücke von Eischalen
Schalenfragmente bezeugen, dass ein Küken geschlüpft ist oder – wie hier – ein Räuber den Inhalt gefressen hat.

Vögel anlocken

Oftmals muss man Vögel aktiv aufsuchen, aber manchmal kann man sie auch zu sich locken. Wenn einem das gelingt, wird man bald feststellen, dass es kaum etwas Schöneres gibt, als sein Umfeld mit Wildtieren zu teilen.

Eine vogelfreundliche Umgebung schaffen

Es gibt viele Möglichkeiten, ein Außengelände für Vögel so attraktiv wie möglich zu gestalten. Selbst auf kleinen Dachterrassen oder Balkonen findet sich Raum für Vogelaktivitäten.

Auf ihre Bedürfnisse eingehen

Vögel brauchen Nahrung, Wasser, einen Schlafplatz und eine Nistgelegenheit. Schon mit nur einem dieser Elemente – oder auch allen – lassen sich Vögel in den eigenen Außenbereich locken. Man kann strategisch günstig eine Futterstelle positionieren, sollte aber auch auf die passende Pflanzenauswahl achten. Die angepflanzten Blumen und Blütensträucher können Insekten anziehen, die Vögeln als Nahrung dienen, und später im Jahr Samen oder Beeren liefern als Futter für Herbst und Winter. Wenn man anstelle eines Zaunes

Futterstation
Blühende Bäume locken Insekten an und die wiederum Vögel wie diese Feldsperlinge, Verwandte der häufigeren Hausspatzen.

Platz für heimische Sträucher oder Hecken hat, bieten diese Nistmöglichkeiten, die man noch zusätzlich mit Nisthilfen ausstatten kann.

Eines der wichtigsten Dinge, die man für die Tiere im Garten tun kann, ist die Bereitstellung von Wasser: Ein großer Teich ist natürlich perfekt, aber auch ein einfaches Vogelbad, ein kleines Fass oder ein Trog eignen sich. An der Wasserstelle können die Vögel trinken und baden, und zudem lockt sie Insekten an, die die Vögel fressen können.

Weitere einfache Maßnahmen

Auch wie man gärtnert, spielt eine Rolle. Ein paar »unordentliche Stellen« bieten Lebensraum für Insekten, etwa Stapel aus Holz oder Blumentöpfen. Moospolster und Spinnennetze können als Nistmaterial dienen. Bäume und Sträucher schneidet man nicht in der Brutsaison, oder wenn sie Früchte tragen. Und bitte niemals Pflanzen- oder Insektenvernichtungsmittel anwenden! Aber nicht vergessen: Bei Anwesenheit von Katzen kommen nicht allzu viele Vögel!

Fallobst ist ein Festmahl für Amseln.

Nicht zu ordentlich sein!
Fallobst, Samenstände und Beeren sollte man im Garten belassen – als Winternahrung für Vögel.

Die Größe des Schlupflochs an einem Nistkasten ist ausschlaggebend dafür, welche Art sich dort sicher fühlt und einzieht.

Futterstellen und Nisthilfe

Futterstellen und Nistkästen können einen Außenbereich im Handumdrehen in eine günstige Umgebung für Vögel verwandeln. Man sollte diese aber sorgfältig aussuchen und mit Bedacht aufhängen oder -stellen.

Einrichtung der Futterstelle

Drei Aspekte sind dabei zu berücksichtigen: Welcher Typ Futterspender es sein soll, mit welchem Futter er befüllt und wo er platziert wird. Jede dieser Entscheidungen hat Einfluss darauf, welche Arten kommen und wie attraktiv die Futterstelle für Vögel ist. Viele Typen sind vor allem für kleine Vögel gedacht und so konzipiert, dass größere Vögel und Eichhörnchen nicht ans Futter gelangen – leider nicht immer erfolgreich. Am besten schaut man im Internet nach Bewertungen oder bittet andere Vogelliebhaber um Empfehlungen.

Die Auswahl an Futter ist groß: Nüsse, Samen, Körner, Fettfutter oder Pellets erfüllen die Bedürfnisse verschiedener Vögel. Man kann den Mix nach Belieben zusammenstellen und die Vögel mit jahreszeitlich angepasstem Futter unterstützen, z. B. energiereichen Samenmischungen in der Brutsaison oder kurz vor dem Zug. Um die Ausbreitung von Vogelgrippe und anderen Krankheiten zu verhindern, muss man die Futterstellen regelmäßig reinigen: am besten in Seifenlauge einweichen und vor dem Wiederbefüllen gut trocknen lassen. Findet man einen toten Vogel, reinigt man den Behälter gründlich und hängt ihn erst nach ein paar Wochen wieder auf.

Die Platzierung der Futterstelle ist entscheidend, Vögel nehmen sie nur an, wenn sie sich dort sicher fühlen. Gibt es für sie Ansitze, um nach Feinden Ausschau zu halten? Sind Haustiere oder Menschen in der Nähe, die sie verscheuchen könnten?

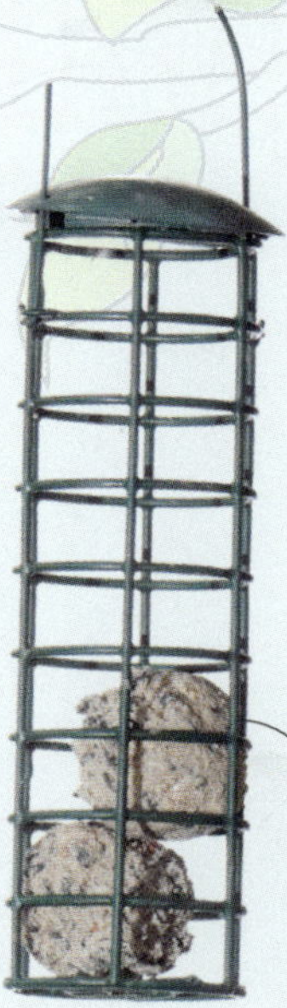

Was gibt es zu essen?
Für jedes Futter gibt es passende Futterspender. Aus alten PET-Flaschen kann man leicht selbst welche basteln – oder auch die neuesten eichhörnchensicheren kaufen.

Meisenknödel am besten ohne Netz anbieten, da sich darin die Füße der Vögel verfangen können.

Aufhängen von Nistkästen

Lebensräume für Vögel sind stark geschrumpft, aber mit Nistkästen bietet man ihnen eine Art »Fertighaus«. Wie bei Futterstellen locken unterschiedliche Nistkästen jeweils andere Arten an und die Platzierung ist entscheidend. Ob gekauft oder selbst gebaut: Wichtig sind Machart und Größe, damit das Schlupfloch für die beabsichtigte Art passt. Es sollte auch nicht zu nah am Kastenboden sein (damit die Küken nicht zu früh herauskommen). Man sollte sich über die geeignete Position für die Art informieren – hoch im Baum oder an der Hauswand? Um die Ausbreitung von Krankheiten zu verhindern, muss man den Kasten jährlich gründlich reinigen.

Futterstellen sind für Vögel wie permanent Früchte tragende Bäume, müssen aber stets gut gepflegt werden.

Wertvolle Hecke
Hecken bieten Unterschlupf und Nistmöglichkeiten für Vögel wie diesen Zaunkönig. Die Früchte des Efeus reifen spät und bieten Vögeln Nahrung, wenn andere Früchte bereits verzehrt wurden.

Auswahl der Pflanzen

Die richtige Bepflanzung kann ein reiches Vogelleben fördern. Am besten wählt man Pflanzen, die Nahrung in Form von Insekten oder Samen, Material zum Nestbau oder Rückzugs- und Nistmöglichkeiten bieten.

Pflanzen für Tiere

Man kann eine Pflanzung so gestalten, dass sie eine möglichst große Bandbreite an Vögeln anlockt, oder spezifische Bedingungen für ganz bestimmte Arten schaffen. Pflanzen mit nektarreichen Blüten ziehen Insekten wie Käfer, Schwebfliegen, Schmetterlinge und Blattläuse an, die samt ihren Larven bzw. Raupen insektenfressenden Vögeln als Nahrung dienen. Dabei sollte man aber bedenken, dass die Larvenstadien mancher Insekten ganz andere Arten als Nahrungspflanzen benötigen als die erwachsenen Tiere.

Am besten achtet man darauf, welche Wildblumen und Samenstände außerhalb des Gartens besonders häufig von Vögeln besucht werden, und lässt möglichst einen kleinen Bereich mit »Wildwuchs« im Garten stehen oder sät eine kleine Wildblumenwiese in einem Blumenkasten aus. Kunstrasen ist eine ökologische Katastrophe, aber auch ein makelloser Rasen nützt den Tieren wenig. Wer Würmer und Insekten in seinem Gras leben lässt, gibt Staren, Rotkehlchen und Amseln damit einen Grund, hierherzukommen. Bei ausreichend Platz sollte man einen naturnahen »geschichteten« Aufbau aus Bodendeckern, Sträuchern und höheren Bäumen anlegen. Besser pflanzt man eine Hecke aus heimischen Beerensträuchern, als einen Zaun zu setzen, oder begrünt diesen zumindest mit Kletterpflanzen. Geißblatt z. B. liefert im Sommer Nektar und im Herbst Beeren, Efeu bietet auch dann noch Nahrung, wenn andere Pflanzen schon verblüht sind. Am besten sollte ganzjährig ein Nahrungsangebot vorhanden sein.

Speisekammer
Amseln und andere Vögel tun sich an den Insekten gütlich, die von nektarreichen Pflanzen angelockt werden, sowie an deren Larven.

Nistmaterial
Freundliche Gärtner lassen Moos, Zweige und trockenes Gras im Garten liegen. Dies alles dient Meisen, Finken und anderen Vogeleltern als Nistmaterial.

Körnerfutter
Samenstände nach dem Verblühen nicht abschneiden. Sie dienen Vögeln wie diesem Grünfink als reiche Nahrungsquelle.

Versorgung mit Wasser

Ein kleiner Teich mit einigen heimischen Pflanzen dient mancherlei Tieren als Lebensraum. Aber auch ein seichtes Vogelbad auf der Terrasse bietet Vögeln Gelegenheit zum Trinken und Baden.

Vögel brauchen Wasser

Trinkwasser ist für Vögel lebenswichtig, die Darbietungsform spielt dabei keine Rolle. Auch müssen sie regelmäßig baden, um ihr Gefieder in gutem Zustand zu erhalten. Arten wie Mehlschwalben benötigen zum Bau ihrer Nester eine nahegelegene Wasserstelle mit feuchtem Schlamm.

Ein flacher Teich mit heimischen Wildpflanzen ist Lebensraum für viele Tiere: Er zieht Insekten an und damit auch alle Tiere, die Insekten fressen, wie Vögel, Frösche und Igel. Wenn einem dafür der Platz fehlt, kann man auch einen Mini-Teich in einem Fass oder Trog anlegen, und selbst ein flaches Vogelbad mit leicht abfallendem Rand bietet Vögeln einen Ort zum Trinken und Baden. Statt Leitungswasser (das Zusätze enthält) verwendet man besser aufgefangenes Regenwasser und füllt die Gefäße regelmäßig auf. Es ist unfair, Vögel an die Versorgung mit Futter und Wasser zu gewöhnen und diese dann in kritischen Zeiten zu vergessen. Wenn das Wasser in der Region im Winter zufrieren kann, schützt ein schwimmender Ball vor einer durchgehenden Eisschicht. Keinesfalls Frostschutzmittel verwenden! Teichimitate mit Spiegeln oder auch jegliche andere draußen angebrachten großen Spiegel können für Vögel tödlich sein. Sie sehen darin (oder in einem Fenster) vielleicht eine Spiegelung und wollen hindurchfliegen – häufig mit fatalen Folgen.

Einfacher Untersetzer
Ein regelmäßig aufgefüllter Pflanzenuntersetzer ergibt ein ideales Vogelbad. Aber nur dann auf den Boden stellen, wenn es keine Raubtiere in der Nähe gibt!

Teich im Fass
Ein Fass mit einigen Pflanzen zur Belüftung findet selbst auf einem Balkon Platz. Es sollte darin immer auch einen seichten Bereich als Ausstiegsmöglichkeit für Kleintiere geben.

Lebendiger Teich
Ein flacher Teich mit schlammigen Bereichen sowie überhängenden Zweigen und Pflanzen schafft ideale Bedingungen für ein vogelfreundliches Ökosystem.

Lebensräume

Von den weltweit rund 10000 Vogelarten tauchen immer mal wieder überraschend welche an ganz unerwarteten Orten auf. Glücklicherweise sind sie aber meist an bestimmte Lebensräume gebunden, die man gezielt erkunden kann.

Die Augen offen halten
Manche Vögel sind Lebensraumspezialisten, andere Opportunisten. Die meisten aber fliegen fast überall umher, sodass man nie weiß, was man zu Gesicht bekommt.

Lebensräume von Vögeln erkunden

Dieses Kapitel beschreibt einige der wichtigsten Lebensräume für Vögel – von Gärten und Parks bis hin zu Küsten und Mooren – und kann als einfacher Feldführer für die häufigsten dort zu beobachtenden Arten dienen.

Für jeden Vogel der richtige Ort

Die Ansprüche von Vögeln an den Lebensraum können sehr gering oder sehr speziell sein. Vögel, die offenes Gelände mit niedriger Vegetation bevorzugen, wie die Feldlerche, finden entsprechende Bedingungen in so unterschiedlichen Terrains wie Feldern, Flughäfen, Dünen, Magerrasenflächen, Mooren und Heiden vor. Bachstelzen findet man an vielerlei Orten: an Ufern, Sandstränden, Fußwegen und Parkplätzen in Vorstädten. Solange es dort Nahrung und Unterschlupf für sie gibt, sind viele Vögel in unterschiedlichen Lebensräumen anzutreffen. Wenn ein Lebensraum die grundlegenden Ansprüche einer bestimmten Art erfüllt, vor allem zur Brutzeit, erhöht sich die Wahrscheinlichkeit, diese dort zu sehen – unabhängig davon, ob man sich in einem Feuchtgebiet, im Wald, in Bergen oder Tälern, auf Ackerland oder an der Küste befindet. Ein Vogel ist meist eng an sein Gebüsch, Schilfröhricht, Torfmoor, Gebirgsplateau oder seine Kiesbank gebunden. Manche sind auf ganz spezifische Lebensräume spezialisiert: So brüten Bartmeisen z.B. ausschließlich im Röhricht, nirgendwo sonst, und sind somit auch nur hier zu beobachten.

Der Lebensraum als Bestimmungshilfe

Diese Verbindung zwischen Lebensraum und Nistplatz wird man allmählich ganz intuitiv herstellen, wenn man einen Vogel sieht und nicht gleich bestimmen kann. Der enge Zusammenhang grenzt die möglicherweise in einem Lebensraum anzutreffenden Arten stark ein. Die Feldführer in diesem Kapitel können eine zusätzliche Hilfe sein. Dabei ist aber zu beachten, dass die Vögel darin nicht maßstabsgetreu abgebildet sind. Allerdings lassen sich Vögel nicht streng kategorisieren, sie können fliegen, wohin sie wollen. Der Lebensraum allein kann also nicht alle nötigen Hinweise liefern. Man muss auch die einzelnen Merkmale eines Vogels mit einbeziehen und die Jahreszeit berücksichtigen (*siehe S. 44–45*). Beim Erkunden von Lebensräumen sollte man immer der Jahreszeit, dem Wetter und dem Gelände entsprechend gekleidet sein, zudem Wettervorhersagen, Gezeiten und weitere für das Gebiet wichtige Faktoren beachten. Selbstverständlich sich auch an Regeln halten, keine verbotenen Flächen betreten und an den Verhaltenskodex der Vogelbeobachter denken: Das Wohl der Vögel steht stets im Vordergrund (*siehe S. 42–43*).

Standvögel
Kleine Singvögel wie Rotkehlchen fühlen sich in vielen Gärten das ganze Jahr über zu Hause, weil diese ihrem natürlichen Lebensraum, buschigen Waldrändern, ähneln.

Gärten und Balkone

Gärten, Terrassen und Balkone bieten Vögeln verschiedenste Kleinstlebensräume – und zudem eine bequeme Möglichkeit, das Beobachten von Vögeln zu üben und seine Fähigkeiten zu verbessern.

Von allem ein bisschen

Wenn man erst einmal gezielt darauf achtet, wird man vielleicht überrascht sein, wie viele Vögel im eigenen Außenbereich vorkommen. Mit einem Rasen voller Würmer und Ameisen für Tauben, Drosseln und Stare, mit Blumenbeeten, Sträuchern, Hecken und Bäumen für Rotkehlchen, Heckenbraunellen, Finken, Spatzen und Meisen hat ein Garten das Potenzial für eine reiche Vogelvielfalt. Selbst auf einem kleinen Balkon können Pflanzen wachsen, die Beeren oder Samen produzieren oder auch Insekten anziehen, die Vögeln als Nahrung dienen. Hecken, Sträucher, efeuberankte Mauern und Nistkästen bieten Vögeln Brutmöglichkeiten, ebenso Schuppen, Dachvorsprünge und alte Nebengebäude. An Letzteren nisten im Sommer vielleicht Mehlschwalben oder Mauersegler. Beim Blick in den Himmel kann man sie auf der Jagd nach Insekten entdecken.

Manche Gartenvögel kommen das ganze Jahr über, andere nur zu bestimmten Jahreszeiten. Im Frühjahr bei Sonnenaufgang erklingt das Morgenkonzert der Singvogel-Männchen, die damit ihr Revier abstecken. Jungvögel müssen nach dem Flüggewerden oft anderswo nach Nahrung suchen, sofern der Garten nicht genügend für alle bereithält. Manche wandern dann ab, bis sich die Population an das Nahrungsangebot angepasst hat, und kehren zurück, wenn der Garten wieder mehr Beeren, Fallobst und andere Nahrung bietet. Im Winter gesellen sich zu den Standvögeln ein paar wenige Wintergäste, während die Zugvögel wegziehen und erst im kommenden Frühjahr wiederkehren.

Nester und Jungvögel
Anzeichen für Nester: Wenn Amseln im Frühjahr ständig an der gleichen Stelle in einer Hecke verschwinden, füttern sie dort wahrscheinlich ihre Jungen im Nest.

Herbstliche Fülle
Ein Garten kann auch dann noch Nahrung bieten, wenn natürliche Lebensräume erschöpft sind. Dann kommen auf der Suche nach Beeren auch Besucher wie diese Mönchsgrasmücke.

Zuflucht im Winter
Wenn Frost die Futtersuche im offenen Gelände erschwert und es an den Hecken keine Beeren mehr gibt, kann man mitunter Besucher wie diese Rotdrossel beobachten.

Vögel in Gärten

Welche Vögel den eigenen Garten besuchen, hängt von verschiedenen Faktoren ab: vom Wohnort, von der Jahreszeit sowie davon, welche Bäume, Sträucher und sonstigen Pflanzen dort wachsen.

KOHLMEISE
12–14 cm 76

Die lebhafte, markant gefärbte Kohlmeise äußert viele verschiedene Rufe und laute Gesänge. Sie ist vom Boden bis in die Baumwipfel anzutreffen.

BLAUMEISE
12 cm 78

Dieser kleine, farbenfrohe Besucher von Futterstellen turnt sehr akrobatisch im Geäst. Bisweilen sieht die Blaumeise eher gelb und grün als blau aus.

SCHWANZMEISE
14 cm 81

Dieser wendige kleine Vogel äußert hohe, schrille Rufe und fliegt in kleinen Gruppen in den Lücken zwischen Bäumen umher.

AMSEL
23–29 cm 66

Amseln sieht man häufig über den Rasen hüpfen. Ihr flötender Gesang ist sehr melodiös, der Alarmruf erregt und schrill.

RAUCHSCHWALBE
12–20 cm 52

Dieser Zugvogel nistet an Balken von Schuppen, fliegt schnell und wendig und sitzt oft auf Stromleitungen. Der Gesang klingt fließend zwitschernd.

MEHLSCHWALBE
12 cm

Im Flug über die Dächer im Sommer ist sie am charakteristischen weißen Bürzel zu erkennen. Ihre Anwesenheit verraten die becherförmigen Nester unter Dachsimsen.

Mit einer Futterstelle vorm Fenster wird das Haus zur Beobachtungsstation.

SINGDROSSEL

23 cm 🔊 64

Diese Drossel ist häufig auf Rasen und in Gemüsebeeten anzutreffen. Die kurzen, lautstarken Phrasen ihres Gesangs werden jeweils zwei- bis dreimal wiederholt.

HECKENBRAUNELLE

14 cm 🔊 59

Der kleine, unscheinbare Vogel mit spitzem Schnabel ist oft in Blumenbeeten und Sträuchern zu beobachten.

Männchen mit grauer Kappe und schwarzem Latz

♀

Weibchen unterseits ohne Abzeichen, mit blassem Streifen hinter dem Auge

HAUSSPERLING

16 cm 🔊 91

Dieser gesellige Vogel liebt Dickichte, Dächer und Dachrinnen, kommt oft in Menschennähe vor und macht sich durch lautes Tschilpen bemerkbar.

Weibchen oberseits olivbraun, unterseits gelbbraun

♀

Männchen unterseits rostrot

BUCHFINK

14–15 cm 🔊 92

Kleiner Vogel mit weißen Abzeichen, sucht oft nach Abfällen. Seine freudig rasselnde Gesangsstrophe endet mit einem Schnörkel.

GRÜNFINK

15 cm 🔊 95

Der regelmäßige Gast in Hecken und an Futterstellen zeigt einen fledermausartigen Balzflug. Sein Gesang ist trillernd und zwitschernd.

ROTKEHLCHEN

12–14 cm 🔊 60

Der kleine Vogel fliegt von seinem Ansitz auf den Boden und pickt Nahrung auf. Der kräftige Gesang ist sehr melodisch.

Im Herbst ist die Brust am leuchtendsten orange gefärbt, im Hochsommer verblasst sie.

Glänzend grün und purpurn schimmernd

STAR

20–23 cm 🔊 90

Sein scheinbar schwarzes Gefieder hat einen schillernden Glanz. Man sieht ihn oft baden, auf Rasen bei der Nahrungssuche oder in großen lärmenden Schwärmen.

Blasser Überaugenstreif und gebänderte Flügel

ZAUNKÖNIG

6–10 cm 🔊 58

Winziger, lebhafter Vogel, hüpft meist im Unterholz herum. Sein schmetternder Gesang umfasst ein schnelles Trillern.

Grauer Körper mit rosa Brust

RINGELTAUBE

40–45 cm

Große Taube mit weißem Flügelband, weißem Nackenfleck und unterseits schwarzer Schwanzspitze. Ihr Gesang klingt wie »ruhgu-gugu, rugugu-gugu, gu«.

Schwarzer Nackenstreifen bei Erwachsenen

TÜRKENTAUBE

32 cm 🔊 40

Schlanke, blasse Taube, Schwanz unterseits schwarz mit weißer Spitze. Häufig auf Rasen oder Antennen. Gesang dreiteilig.

Kanadagänse
Diese großen, aus Nordamerika eingeführten Gänse sind relativ dreist und neugierig auf ihre menschlichen Nachbarn.

Parks und Parkteiche

Im Park kann man viel über Vögel lernen, weil diese dort relativ gut an Menschen gewöhnt sind. Das bietet die Möglichkeit, sie genau zu beobachten und dabei seine Bestimmungsfähigkeiten zu verbessern.

Aus nächster Nähe

Weil Vögel im Park ständig von Menschen umgeben sind, sind sie dort weitgehend zahm und haben sich den Gegebenheiten angepasst. Abgesehen vom eigenen Garten ist ein Park gemeinhin der Lebensraum, in dem man am einfachsten verschiedene Arten sehen und seine Beobachtungsgabe schulen kann.

Durch regelmäßige Parkbesuche zu verschiedenen Jahreszeiten kann man die Unterschiede im Gefieder einzelner Arten verfolgen, z.B. das Gefieder von Stockenten bei Jungvögeln, Weibchen sowie Erpeln im Winter und Sommer vergleichen. Im Sommer gleichen Erpel – mit Ausnahme des gelben Schnabels – mehr den Weibchen. Auch bei Möwen ist das Gefieder je nach Alter und Jahreszeit sehr unterschiedlich, nicht aber zwischen den Geschlechtern. Bei Bless- und Teichhühnern bleibt das Gefieder das ganze Jahr über gleich, das Jugendgefieder unterscheidet sich jedoch von dem der Erwachsenen und man kann lernen, die Jungvögel zu erkennen. Buchfinken und Spatzen kommen nah heran, um sich Brotkrumen zu holen, Eichelhäher und Spechte halten zwar Abstand, aber man kann sie sehen und hören. Bald wird man die Gesänge von Zilpzalp und Mönchsgrasmücke sicher erkennen und eine Gebirgs- von einer Bachstelze unterscheiden können. Wenn man sich Zeit nimmt, gibt es viele Gelegenheiten, hinzuschauen, zu lauschen und die Bestimmung von Vögeln zu üben – oder die Vogelvielfalt im Park einfach nur zu genießen.

Kükensaison
Im Frühjahr lässt sich gut beobachten, wie Stockenten ihre Kükenschar wohlgeordnet ins Wasser geleiten.

Frecher Fink
Der farbenfrohe kleine Buchfink bedient sich vorwitzig an den übrig gebliebenen Krümeln auf Picknicktischen.

Nester mit Stil
Am Parkteich gibt es verschiedenste Nester zu sehen: auf Grund gebaute von Blesshühnern oder Schwimmnester von Haubentauchern.

Vögel in Parks und auf Parkteichen

Bei einem Besuch im Stadtpark lässt sich gut die Bestimmung von Vögeln üben. An einem Parkteich kann man lernen, Wasservögel zu unterscheiden, die anderswo zwar häufiger, aber auch viel weiter entfernt sind.

HÖCKERSCHWAN
120–170 cm 🔊 6

Der große Schwan mit orangem Schnabel hält sich gern im oder am Wasser auf und lässt sich mit Brotstückchen anlocken. Kommt man ihm zu nahe, zischt er zur Warnung.

BLESSHUHN
36–38 cm 🔊 21

Mittelgroßer schwarzer Vogel mit weißem Gesicht und Schnabel. Meist schwimmend und tauchend auf Wasserflächen oder in Ufernähe anzutreffen.

MÖNCHSGRASMÜCKE
14 cm 🔊 68

Diese kleine, graubraune Grasmücke lebt meist in dichtem Gestrüpp. Oft sind ihr »tak«-Ruf und ihr sehr musikalischer Gesang zu vernehmen.

ZILPZALP
10–12 cm 🔊 74

Oft hört man das namensgebende »zilp-zalp« des kleinen Vogels, bevor man ihn in Bäumen oder Büschen entdeckt. Die meisten bleiben nur von März bis Oktober, vereinzelte auch über Winter.

WINTERGOLDHÄHNCHEN
8–9 cm 🔊 75

Kleiner Vogel mit schwarzen Flügelbändern, in Bäumen und Sträuchern anzutreffen. Ruft einfach und hoch, singt ein rhythmisches »diddel-di-die«.

Am besten besucht man den Park frühmorgens, bevor es zu voll wird, dann sind die Vögel am aktivsten.

LACHMÖWE
45–53 cm 🔊 34

Relativ kleine Möwe mit weiß geränderten Schwingen, blassgrauem Rücken, rotem Schnabel und roten Beinen.

STOCKENTE
50–65 cm

An ihrem typischen Quaken ist diese große Ente mit orangefarbenen Beinen leicht zu erkennen. Die Erpel sind prächtig gefärbt, die Weibchen braun gesprenkelt mit blauem Flügelspiegel.

KANADAGANS
75–110 cm 🔊 11

Große Gans mit schwarzem Hals und tief trompetendem Ruf. Grast oft auf Rasenflächen am Ufer von Gewässern.

STAR
20–23 cm 🔊 90

Oberflächlich ähnelt der Star einer Amsel, ist aber kleiner mit kürzerem Schwanz. Sein schneller, sehr variabler Gesang ertönt oft von Dächern oder Stromleitungen und umfasst auch Imitationen.

TEICHHUHN
30–38 cm 🔊 20

Teichhühner finden ihre Nahrung nicht tauchend wie Blesshühner, sondern am Gewässerrand watend oder schwimmend. Ihr Gefieder ist grau und braun mit weißen Abzeichen.

TÜRKENTAUBE
32 cm

Der dreiteilige Gesang dieser Taube klingt wie »ku-kuuu-kuk«. Die Schwanzunterseite ist schwarz mit weißer Spitze.

REIHERENTE
40–45 cm

Lässt sich gerne auf dem Wasser treiben, taucht aber zur Nahrungssuche regelmäßig unter. Erpel sind schwarz-weiß, Weibchen schokoladenbraun, beide mit gelben Augen und blauem Schnabel.

BACHSTELZE
18 cm 🔊 55

Der hübsche Vogel hält sich zumeist am Boden auf, auch auf Wegen und Parkplätzen. Typisch ist das Schwanzwippen. Sein Ruf klingt wie »tschi-witt« oder ein melodisches »tschu-ie«.

Städte und Ödland

Trotz der ständigen Geräuschkulisse in Städten siedeln sich einige Vögel auf vereinzelten Grünflächen, Gebäudedächern und sogar Parkplätzen an. Oder auch auf Ödland, das ihnen noch deutlich mehr zu bieten hat.

Sich mit den Gegebenheiten arrangieren

Vögel sind anpassungsfähiger als gemeinhin vermutet. Turmfalken und die ehemals seltenen Wanderfalken, die eigentlich an Felswänden heimisch sind, haben gelernt, auf den Simsen hoher Gebäude hoch über der Stadt zu brüten und sich von Insekten und Nagern zu ernähren. Bei der riesigen Taubenpopulation handelt es sich um verwilderte Nachkommen der einst domestizierten wilden Felsentaube, die »echte« Wildform ist heute selten geworden. Möwen nisten auf Flachdächern und suchen selbst auf belebten Hauptstraßen nach Essensabfällen. Von Menschen entsorgte Abfälle können für Vögel noch viel Fressbares enthalten. Zudem ziehen sie weitere Tiere an, die manche Vögel erbeuten können. Selbst auf Asphalt, Beton und an Straßenrändern leben Insekten, von denen sich Vögel ernähren. Saatkrähen picken tote Fliegen von geparkten Autos und Bachstelzen attackieren ihr Spiegelbild im Seitenspiegel. Vielleicht hört man sogar den kratzenden Gesang eines Hausrotschwanzes vom Dach einer Fabrik oder eines Bahnhofs.

Brachland, auf dem Disteln, Brombeergestrüpp und andere Pflanzen wuchern, kann eine noch größere Bandbreite von Vögeln beherbergen, vor allem im Herbst und Winter, wenn große Schwärme von Distelfinken, Hänflingen und Hausspatzen einfallen.

Städtische Jäger
Turmfalken brüten in der Natur an Felswänden, haben sich in Städten aber daran angepasst, auf Simsen von Hochhäusern zu nisten.

Straßenkehrer
Möwen und Tauben sind sehr opportunistisch und anpassungsfähig. In menschlichen Abfällen finden sie noch reichlich Nahrung.

Parkplatzwächter
Auf Parkplätzen sieht man häufig diesen hübschen kleinen Vogel, wie er beim Herumstolzieren charakteristisch mit dem Schwanz wippt.

Stopp!
Misteldrosseln nisten normalerweise auf Bäumen, nicht auf Ampeln, sind am Nest aber bekanntlich äußerst aggressiv und lassen sich nicht vertreiben.

BACHSTELZE
18 cm
Den kleinen Vogel sieht man oft auf Wegen, befestigten und Grünflächen ständig mit dem Schwanz wippend nach Nahrung wie Insekten, Sämereien und Essensresten suchen.

STADTTAUBE
29–37 cm
Die unbekümmerten Vögel können sehr variabel gefärbt sein. Sie stammen von der wilden Felsentaube ab und sind äußerst gut an das Leben in Städten angepasst.

Gefieder grau, braun, weiß oder gescheckt

Auffällige rote und gelbe Abzeichen an Flügeln und Kopf

STIEGLITZ
12–13 cm 🔊 94
Hübscher Vogel, oft an zugewucherten Brachflächen anzutreffen. Er frisst dort die Samen von Disteln und anderen »Unkräutern«.

Männchen mit roter Stirn und Brust

Weiße Streifen auf Flügeln und Schwanz

BLUTHÄNFLING
13,5 cm 🔊 93
Dieser kleine braune Fink sucht am Boden nach Sämereien. Im Winter bildet er meist große Schwärme.

Typische sichelförmige Flügel und gegabelter Schwanz

MAUERSEGLER
16–17 cm 🔊 45
Akrobatische Flugkünstler, die sich fast nie hinsetzen. Charakteristisch sind ihre schrillen Rufe beim Fliegen. Sie kommen nur im Sommer und brüten in Hohlräumen unter Dächern.

Tief gegabelter Schwanz mit eleganten langen Außenfedern

RAUCHSCHWALBE
14,5–20 cm
Die wendigen Zugvögel sind meist im Flug beim Insektenfang oder aufgereiht auf Stromleitungen zu beobachten.

Schwach gegabelter Schwanz, Unterseite weiß

MEHLSCHWALBE
12 cm
Dieser Zugvogel ist kleiner als Rauchschwalbe und Mauersegler und bei guter Luftqualität auch in Städten anzutreffen, benötigt aber Schlamm zum Nestbau unter Dachsimsen.

Vögel in Städten und auf Ödland

Auch auf Brach- oder Ödland, auf kleinen Grünflächen sowie an oder auf Gebäuden leben Vögel und finden dort ihr Auskommen. Zu den anpassungsfähigsten Vertretern zählen seltsamerweise Seevögel, genauer Möwen. Sie nisten sogar auf Dächern weitab der Küste.

Wer Ausschau hält, entdeckt vielleicht am Himmel Turmfalken und Mauersegler oder am Boden eine Bachstelze.

Überwiegend schwarz mit weißem Bauch und weißen Stellen

Die glänzend schwarzen Federn schimmern grün und blau

ELSTER
46 cm 84

Vertreter der Rabenvögel mit unverwechselbarem schwarz-weißem Gefieder. Ist häufig in urbaner Umgebung anzutreffen.

Kopf weiß, im Winterkleid dunkel gestrichelt

HERINGSMÖWE
51–64 cm

Meist etwas kleiner als die Silbermöwe und mit dunklerem, schiefergrauem Rücken und Flügeln sowie hellgelben Beinen.

Rücken und Flügel hellgrau

Flügelspitzen schwarz mit weißen Tupfen

Roter Fleck an der Schnabelspitze bei beiden Möwen

SILBERMÖWE
55–65 cm 35

Große Möwe mit fleischfarbenen Beinen, unerschrocken am Boden, lautstark in der Luft. Brütet normalerweise an Felsklippen, hat sich aber an Gebäude in Städten angepasst.

Beim Rüttelflug bleibt der Kopf unbeweglich in Position zum Erspähen der Beute

Weibchen gänzlich braun, Männchen mit blaugrauem Kopf

TURMFALKE
32–39 cm

Mit seinem rüttelnden Jagdflug ist dieser Falke gut an ein Jagen in Siedlungen angepasst. Oft sieht man ihn auch auf Stromleitungen, Dachsimsen oder Flachdächern sitzen.

Kopf, Auge, Schnabel und Beine gänzlich schwarz

AASKRÄHE
48–52 cm

Die erstaunlich große und wenig scheue Aaskrähe ist bei uns der verbreitetste Rabenvogel. Ihr Ruf ist ein kräftiges Krächzen. Anders als die ähnliche Saatkrähe bildet sie kaum größere Schwärme.

Weißes Auge, schwarze Kappe, grauer Nacken

DOHLE
34–39 cm 86

Kleiner, schwarzgrauer Rabenvogel, nistet in Gebäuden, Kaminen und Baumhöhlen. Die Schwärme veranstalten akrobatische Flugmanöver, laut »kja« rufend.

Felsküsten, Klippen und offenes Meer

Große Seevogelkolonien sind lärmend, geschäftig – und riechen streng. Mit dem Himmel darüber und ringsum offenem Meer bilden sie die aufregendsten Plätze zur Beobachtung von Vögeln.

Seevogelstädte

Zerklüftete Felsküsten sind unwirtliche Plätze und sogar für nistende Seevögel ungeeignet. Flache Felsen, Vorsprünge und tiefe Nischen ziehen dagegen verschiedene Arten an, die im Meer Nahrung suchen und einen sicheren Platz für die Eiablage finden müssen.

An Klippen und auf Felsinseln kann man Kormorane, Krähenscharben und Möwen entdecken, einschließlich der einzigen wirklich rein marinen Möwe, der Dreizehenmöwe. Auch Eissturmvögel und verschiedene Alken sind vielleicht zu sehen: Trottellummen (auf Felsvorsprüngen), Tordalken (oft in natürlichen Felsnischen) und Papageitaucher (nisten in tieferen Erdhöhlen, oft auch in Kaninchenbauen). Alken legen ihre Eier auf den nackten Fels, während Dreizehenmöwen aufgereiht voluminöse Nester bauen. Im Laufe des Sommers verfärben sich die Felsen durch den Vogelkot weiß.

Der einzige Vogelfelsen Deutschlands ist der Lummenfelsen auf der Insel Helgoland. In den dortigen Kolonien brüten Basstölpel, Trottellummen, Tordalken, Dreizehenmöwen und Eissturmvögel. Papageitaucher fehlen hier aber beispielsweise.

Zwischen den Felsen können mit Tang bedeckte Küstenabschnitte liegen, an denen vereinzelte Watvögel Nahrung suchen – jedoch nie in solch großer Zahl wie auf Wattflächen.

Hoch auf den Felsen
Die wendigen kraftvollen Wanderfalken brüten auf hohen Felsvorsprüngen an Küstenklippen, in Deutschland nur an Felsen im Binnenland.

Tauchkünstler
Basstölpel bilden auf Felsen an der Küste und Felsinseln riesige, laute Kolonien. Die Fischfresser stürzen sich auf der Jagd kopfüber ins Meer.

Robuste Watvögel
Meerstrandläufer kann man dabei beobachten, wie sie an mit Tang bedeckten Felsen nach Krusten- und Weichtieren suchen.

Vogelfelsen
Während der Brutzeit sind viele Felsinseln komplett von den lauten Kolonien nistender Seevögel bevölkert.

Im Winter wird das schwarze Gefieder gefleckt

GRYLLTEISTE
34 cm

Diese Vögel sind auf Felsinseln zu Hause und paarweise auf dem Wasser in Küstennähe oder an Felsen zu beobachten. Unverkennbar sind die leuchtend roten Füße.

Brauner Kopf, im Winter weiß mit dunklem Streifen

TROTTELLUMME
32–38 cm

Man sieht sie oft aufrecht auf Felssimsen sitzen oder auf dem Wasser treiben. Als schlechte Flieger flattern sie mit raschen Flügelschlägen.

Am Rücken graubraun mit weiß geränderten Federn

MEERSTRANDLÄUFER
21 cm

Kleiner dunkler Watvogel mit gelben Beinen. Als Wintergast sucht er zwischen Steinen und Algen in der Brandung nach Nahrung.

TORDALK
37–39 cm

Tordalken bilden oft gemeinsame Brutkolonien mit Trottellummen, bevorzugen aber Felsnischen. Im Winter wird der schwarze Kopf weiß mit schwarzer Kappe, vereinzelte Vögel bleiben in Küstennähe.

Dicker schwarzer Schnabel mit weißen Linien

Blasser Überaugen- und Wangenstreif

STRANDPIEPER
16–17 cm

Typisch für diesen kleinen Vogel sind die dunklen Beine und die gelbliche, gestrichelte Unterseite. Bei der Nahrungssuche zwischen Steinen an Felsküsten zu beobachten.

DREIZEHENMÖWE
40 cm 🔊 36

Die hübsche Möwe verbringt den Winter draußen auf See und brütet an steilen Klippen. Dort schallt ihr lautes »kiti-uääh« durch die Felsen.

Flügelspitzen mit schwarzem Dreieck

Unterseits weiß, oberseits silbrig grau

Durchscheinende, spitz zulaufende Flügel

KÜSTENSEESCHWALBE
30–39 cm

Eleganter Vogel mit langem Schwanz, kurzen roten Beinen und blutrotem Schnabel. Nistet auf Kies oder Felsen. Wer dem Nest zu nahe kommt, wird im Sturzflug angegriffen – also Abstand halten!

EISSTURMVOGEL
102–122 cm 🔊 3

Ähnelt zwar einer mittelgroßen Möwe, ist aber nicht mit diesen verwandt. Nistet an Felsklippen und ist ansonsten auf dem offenen Meer anzutreffen.

Dicker Schnabel mit röhrenförmigen Nasenlöchern

Vögel an Felsküsten, Klippen und auf See

Nach Seevögeln kann man an Felsküsten und -inseln Ausschau halten sowie auf See, wenn sie zur Nahrungssuche hinausfliegen. Im Frühjahr lohnt es sich, die Klippen mit dem Fernglas nach Nistplätzen abzusuchen. In Deutschland brüten einige dieser Arten auf Helgoland, es lohnt sich die Reise zu europäischen Felsküsten, um diese Vögel zu beobachten.

KRÄHENSCHARBE
78 cm

Beim Tauchen nach Nahrung oder Schwimmen in der Brandung zu beobachten. Sitzt oft mit ausgebreiteten Flügeln auf Felsen, um ihr nicht wasserabweisendes Gefieder zu trocknen.

Federhaube, schlanker Schnabel, gebogener Hals

Etwas kleiner als ein Kormoran, gänzlich schwarzes Gefieder

Dunkler Kopf, schwarzer Bartstreif, weiße Wangen

WANDERFALKE
34–58 cm 15

Dieser Falke nistet an Felsen und fliegt auf Nahrungssuche mit schnellen Schlägen der steifen Flügel weit umher.

Auffallend gelblicher Kopf

BASSTÖLPEL
87–100 cm

Gänsegroßer Seevogel mit leuchtend weißem Gefieder und langen Flügeln mit schwarzen Spitzen. Bildet dicht besiedelte, lärmende Kolonien an Klippen.

Oberseits schwarz, unterseits weiß

ATLANTIKSTURMTAUCHER
30–37 cm

Brütet in Höhlen auf Inseln und kann mit seinen schwachen Beinen weder stehen noch laufen. Nachts fliegt er zum Fischfang. Zieht als Zugvogel Tausende Kilometer.

Weißgraues, schwarz umrahmtes Gesicht

Zur Brutzeit farbenprächtiger Schnabel

PAPAGEITAUCHER
29–34 cm

Die orangefüßigen Papageitaucher nisten in Höhlen oberhalb der Klippen. Den Winter verbringen sie auf dem offenen Meer.

Das Fernglas sollte stets trocken bleiben und vor der salzigen Gischt geschützt werden.

Winterliche Flugschau
Bei Flut ruhen Tausende von Alpenstrandläufern an der Küstenlinie. Mit etwas Glück kann man eine wahre Flugschau erleben, wenn die Schwärme am Schlafplatz eintreffen.

Sandstrände

Viele Vögel leben in seichten Buchten in Küstennähe oder entlang von oft mit grasbewachsenen Dünen gesäumten Sandstränden. Da zahlreiche Strände aber von Menschen belebt sind, findet man die meisten nistenden Vögel in Naturschutzgebieten.

Freiraum und endloser Himmel

An weiten Sandstränden kommen Vögel verglichen mit schlammigen Flussmündungen in weitaus geringerer Arten- und Individuenzahl vor, aber dennoch geht es an Land und in der Luft geschäftig zu. Brütende Sandregenpfeifer sowie Fluss-, Zwerg- und Brandseeschwalben sind an solchen Stränden anzutreffen.

Von Herbst bis Frühjahr kann man Watvögel als Wintergäste sehen, vor allem Sanderlinge, Alpenstrandläufer, Steinwälzer und Austernfischer. Zusammen mit vielen anderen Vögeln suchen sie als Schlafplätze bei Flut häufig Lagunen an der Küste auf. Die Schwärme sollten während ihrer Ruhephase keinesfalls gestört werden, lassen sich aber bisweilen mit einem Spektiv oder Fernglas von einer Düne aus beobachten.

An der Wasserlinie flitzen Sanderlinge entlang der Brandung, während Steinwälzer am Spülsaum Tang und Steine umdrehen und darunter nach Nahrung suchen. Diese Vögel an der Wasserlinie sind ebenfalls sehr störungsanfällig und müssen in Ruhe gelassen werden, um erfolgreich brüten zu können. Sanderlinge fehlen nur im Hochsommer, dann sind auch die Seeschwalben zur Nahrungssuche draußen auf See.

Wenn man aufs Meer hinausschaut, kann man Meerenten wie Eider- oder Trauerenten bei der Jagd nach Schalentieren beobachten, im Winter vielleicht auch Eisenten. Häufig sieht man sie nur bei stärkerem Wellengang oder dicht über den Wellen fliegend.

An der Wasserlinie
Wenn sie nicht gerade in dichten Schwärmen schlafen, kann man die im Wintergefieder weiß-silbergrauen Sanderlinge an der Wasserlinie entlang flitzen sehen.

Hübsche Möwen
Lachmöwen nisten zwar in Sumpfgebieten, kommen aber auf Nahrungssuche an Sandstrände und beeindrucken mit ihrem Brutgefieder.

Schwimmer in Küstennähe
Nach Trauerenten kann man vor der Küste Ausschau halten. Erpel sind schwarz, bei den braunen Weibchen ist die untere Gesichtshälfte hell.

SÄBELSCHNÄBLER
42–46 cm

Der schlanke, langbeinige Watvogel ist auf seichte Lagunen spezialisiert und an Sandstränden, Flussmündungen und auf Wattflächen anzutreffen.

PFUHLSCHNEPFE
37–41 cm

Großer Watvogel, ist gut bei Ebbe am Wasserrand zu beobachten, besonders im Winter. Im Sommerkleid rötlich braun, im Winterkleid braungrau gestreift und unterseits weiß.

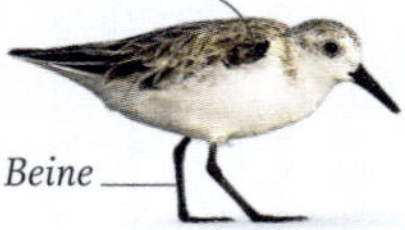

SANDERLING
18–20 cm

Der kleine Watvogel ist oft zu beobachten, wie er entlang des Spülsaums geschickt den Wellen ausweichend nach Nahrung sucht.

STERNTAUCHER
53–69 cm

Der etwa stockentengroße Vogel ist oft schwimmend zu beobachten oder mit ausgestrecktem Hals und Beinen tief über das Wasser fliegend.

BRANDSEESCHWALBE
36–41 cm

Mit viel Glück lässt sich diese stattliche Seeschwalbe bei einer Pause auf dem Meer beobachten, bevor sie wieder kopfüber mit einem Platschen zum Fischfang abtaucht.

FLUSSSEESCHWALBE
31–38 cm 🔊 37

Verbreitete, mittelgroße Seeschwalbe mit zugespitztem orangefarbenem Schnabel mit schwarzer Spitze. Mit ihren kurzen roten Beinen ist sie nicht gut zu Fuß. Rüttelt vor dem Tauchen nach Fischen in der Luft.

ZWERGSEESCHWALBE
21–25 cm

Kleinste und schnellste Seeschwalbe, in der Luft äußerst wendig. Zum Fischfang taucht sie im Sturzflug senkrecht ins Meer, oft in Küstennähe.

Stets beachten, wann die Flut kommt, bevor es zu spät ist.

MANTELMÖWE
64–79 cm

Unsere größte Möwe mit massigem Kopf und kräftigem Schnabel. Im Flug majestätisch, mit langen Gleitphasen auf den gebogenen Flügeln.

BRANDGANS
55–65 cm

Auffallend bunt scheckige, fast gänsegroße Halbgans. Sucht an Stränden und im Watt nach Nahrung.

TRAUERENTE
43–54 cm

Dunkle, trotz ihrer Größe elegante Ente. In Schwärmen vor der Küste anzutreffen oder im wellenförmigen Flug zu beobachten.

EISENTE
50–60 cm

Das Gefieder dieses Wintergastes wechselt im Laufe der Saison. Daher sieht man in Schwärmen oft einen bunten Mix aus dunklen und hellen Vögeln. Eisenten sammeln sich auf dem Wasser und tauchen nach Nahrung.

MITTELSÄGER
51–64 cm

Großer, lang gestreckter Entenvogel. Erbeutet sehr effizient tauchend Fische und bildet vor der Küste oft große Schwärme.

OHRENLERCHE
14–17 cm

Den seltenen Wintergast mit der markanten Gesichtszeichnung und den schwarzen »Federohren« kann man an offenen Stränden oder an flachen Bächen beobachten.

STEINWÄLZER
20–25 cm

Oft am Strand zu beobachten, wie er bei der Nahrungssuche Steine und Tang umdreht. Äußert kurze Laute in schneller Folge.

SANDREGENPFEIFER
19 cm 🔊 23

Markante Färbung an Kopf und Brust. Typisch für Regenpfeifer ist die Nahrungssuche: Sie rennen immer ein Stück, halten inne, und huschen dann zur Beute.

EIDERENTE
50–70 cm

Große Meerente mit keilförmigen Flügeln. Bevorzugt weitläufige Buchten und Muschelbänke. Taucht nach Nahrung und bildet oft Schwärme.

Vögel der Sandstrände

Sandstrände, Buchten und Lagunen werden oft von Menschen genutzt, aber auch einige Vögel finden hier ein Auskommen. Beste Beobachtungszeit ist bei Ebbe, wenn die Vögel am frei liegenden Strand nach Nahrung suchen, oder die Flut die Schwärme Richtung Hochwassermarke treibt.

Flussmündungen

Flussmündungen sind eine Kombination mehrerer Lebensräume und bieten das ganze Jahr über die Möglichkeit, viele verschiedene Vögel zu beobachten. Bei Flut ruhende Schwärme sollte man nicht stören und in Bereichen mit schnell steigender Flut vorsichtig sein.

Weites, offenes Gelände

Große Mündungsgebiete, auch Ästuare genannt, beherbergen oft Tausende Vögel. Sie können in diesem weiten Lebensraum jedoch weit verstreut sein. Daher ist der richtige Zeitpunkt entscheidend dafür, wie viele davon man tatsächlich zu sehen bekommt. Am besten ist man bei aufkommender Flut vor Ort, wenn die Vögel von der Nahrungssuche an den Schlafplatz zurückkehren. Dann wird man dichte Schwärme vieler Arten sehen, bei fallender Tide zerstreuen sich diese dann wieder und sind aus der Entfernung schwieriger zu bestimmen. Bei Ebbe durchkämmen Watvögel das Watt auf der Suche nach Krebstieren, Weichtieren und Würmern.

Unbedingt auf die Rufe hören! Fast alle Watvögel rufen im Flug und sind so viel einfacher zu bestimmen. Im Winter erfüllt das Geschnatter riesiger Gänseschwärme die Luft und oft schließen sich dem geschäftigen Treiben weitere Arten an, um auf den Salzwiesen zu ruhen und zur Nahrungsaufnahme wieder wegzufliegen – teils Richtung Inland (wie die Gänse), teils an den Küstensaum. In der Dämmerung sind die Schwärme der Kurzschnabelgänse vor dem Abendhimmel oft ein spektakulärer Anblick. Im Sommer brüten auf den Sumpfwiesen der Mündungsgebiete häufig Lachmöwen, Rotschenkel und Kiebitze. Auf Sandbänken oder Kiesdämmen kann man auch Regenpfeifer, Möwen und Seeschwalben nisten sehen, solange sie nicht von Menschen oder Raubtieren behelligt werden.

Bereit zum Brüten
Bevor sie zum Brüten in den Norden ziehen, bekommen Knutts im Frühling ihr prächtiges rotbraunes Brutgefieder.

Einzigartiger Schnabel
Zur Nahrungssuche schwenken Säbelschnäbler ihren aufwärts gebogenen Schnabel durch seichtes Wasser.

Winter-Gänse
Mehrere Wildgansarten gehen in Feuchtwiesen auf Nahrungssuche, Ringelgänse dagegen als einzige im Watt.

Geschäftiges Treiben
Schwärme von Uferschnepfen rufen laut im Flug und erzeugen zudem ein seltsam schnarrendes Geräusch, wenn sie sich zur Nahrungssuche oder zum Schlafen niederlassen.

Vögel an Flussmündungen

Auf dem Wasser sind Möwen sowie gelegentlich Enten und Haubentaucher zu beobachten, im sumpfigen Umland vor allem Wat- und Gänsevögel. Bei Ebbe kann man auch im Watt nach Watvögeln Ausschau halten.

SPIESSENTE
51–62 cm

Auf Salzwiesen kann man die elegante, langhalsige Spießente beobachten, eine Gründelente. Auffällig sind die weiße Brust und der lange Schwanz des Erpels.

PFEIFENTE
42–52 cm 🔊 14

Mittelgroße, kurzbeinige Gründelente, bildet oft große Schwärme auf Salzwiesen und grast dort wie eine kleine, farbenfrohe Gans.

BLESSGANS
64–78 cm

Benannt ist dieser Wintergast nach der weißen Blesse vom Schnabel bis zur Stirn. Schwärme fliegen lautstark rufend, lang aufgereiht in Keilformation.

KURZSCHNABELGANS
60–75 cm 🔊 9

Typisch für diese relativ kleine Gans sind die rosa Beine, der kurze Hals und kleine Schnabel. Schwärme fliegen laut schnatternd in V-Formation.

RINGELGANS
55–60 cm 🔊 12

Diese Art ist der kleinste Wintergast unter den Gänsen. Hals und Kopf sind schwarz. Die Rufe im Flug klingen dumpf und nasal.

WEISSWANGENGANS
55–70 cm

Hübscher, kontrastfarbener Wintergast, grast auf Salzwiesen und Weiden. Schwärme fliegen meist weit auseinandergezogen. Die Rufe erinnern an Hundegebell.

GRÜNSCHENKEL

30–35 cm 🔊 31

Die graugrünen Beine und die grauere Färbung unterscheiden diesen Watvogel vom Rotschenkel. Er liebt seichte Bereiche am Rand von Flussmündungen.

UFERSCHNEPFE

36–44 cm

Großer, langbeiniger Watvogel, ist eher an seichten Seitenarmen als an Stränden zu finden. Im Flug zeigen sich auffällige weiße Flügelbinden.

ALPENSTRANDLÄUFER

16–22 cm 🔊 27

Stochert mit seinem dünnen Schnabel nach Nahrung. Im Winterkleid grau (abgebildet), im Sommerkleid heller mit rechteckigem schwarzem Fleck am Bauch.

ROTSCHENKEL

28 cm 🔊 30

Häufig der lautstärkste Watvogel mit wiederholten flötenden Rufen. Findet seine Nahrung in seichten Bereichen von Flussmündungen und im Watt.

DUNKELWASSERLÄUFER

29–33 cm

Schlanker Watvogel, größer als der Rotschenkel, aber wie dieser mit leuchtend roten Beinen. Im Winterkleid blass graubraun, im Sommerkleid schwärzlich.

GROSSER BRACHVOGEL

50–60 cm 🔊 32

Der braun-beige gesprenkelte große Watvogel ist mit seinem Schnabel unverkennbar. Ebenso typisch ist sein melodisch klingendes »kuri-li«.

REGENBRACHVOGEL

40–57 cm

Etwas kleiner als der Große Brachvogel. Kopf mit Streifen. Äußert ein schnelles Trillern. Zieht im Frühjahr in Schwärmen vor der Küste oder rastet in Salzwiesen.

SEEADLER

70–90 cm

Einer der größten Greifvögel Europas mit überwiegend dunkelbraunem Gefieder. Frisst neben Fischen (lebend und Aas) auch andere Wasservögel und Säugetiere.

KNUTT

25–30 cm

Mittelgroßer, untersetzter Watvogel mit kurzen Beinen und kurzem Schnabel. Im Winter oft in dichten Schwärmen zu beobachten, die spektakuläre Flugmanöver vollführen.

AUSTERNFISCHER

40–50 cm 🔊 22

Der auffällig schwarz-weiße Watvogel ist leicht zu sehen und unverkennbar. Sein typischer Ruf ist schrill und durchdringend.

In sumpfigem Gelände immer auf den Wegen bleiben – und im Frühjahr keinesfalls brütende Vögel stören!

Fließgewässer

Fließgewässer bieten viele unterschiedliche Lebensräume für verschiedenste Vogelarten: von silbernen Rinnsalen mit kaltem Wasser im Gebirge über rauschende Wildbäche mit steinigem Bett bis zu langsam zum Meer hin mäandernden Flüssen und Strömen.

Unterschiedliche Fließgeschwindigkeit – unterschiedliche Arten

Ausgehend von der Quelle fließen Bäche und Flüsse gemeinhin über verschiedene Böden und Gesteine, nehmen an Fließgeschwindigkeit zu und werden mit zunehmender Breite langsamer. Auf ihrem Weg beherbergen sie vielfältige Pflanzen sowie Wirbellose und Fische – Nahrung für Vögel, die diese vom Ufer aus jagen. Nur wenige Vögel können sich an alle Abschnitte anpassen. Um die ganze hier beheimatete Vogelartenvielfalt zu erkunden, muss man daher mehrere Fließgewässer besuchen.

Im Sommer sind Gebirgsbäche und -flüsse mit ihrem durch Kalkstein gefilterten kristallklaren Wasser lohnend. Flussuferläufer nisten dort entlang des Ufers. Dies ist der Lebensraum der Wasseramsel, der sich auch auf niedriger gelegene Bereiche ausweiten kann, solange das Wasser schnell fließt, klar und von Bäumen oder Felsen gesäumt ist. Dieser einzigartige Singvogel findet seine Nahrung unter Wasser und läuft sogar am Gewässergrund umher. Selbst wenn man erwartet, Eisvögel zu sehen, übersieht man sie oft. Im Wechselspiel des Lichts am Wasser sind sie erstaunlich unauffällig. Also auf ihren hohen schrillen Ruf im Flug achten! Ebenso verräterisch ist der metallische Ruf der Gebirgsstelze. Nur an breiten, ruhig fließenden Abschnitten begegnet man den fischfressenden Gänsesägern und Haubentauchern, an kleineren Flüssen auch Zwergtauchern. Am Ufer langsam fließender Ströme kann man beobachten, wie Graureiher geduldig auf in Reichweite vorbeischwimmende Fische warten.

Nester am Ufer
Im Frühling kann man Bäume am Ufer nach Nestern von Gänsesägern absuchen. Kleine Küken werden oft auf Mutters Rücken transportiert.

Stelzen am Wasser
An Bach oder Fluss sieht man Gebirgsstelzen. Sie haben einen längeren, schmaleren Schwanz als Schafstelzen, die eher das umgebende Weideland bevorzugen.

Im Flachwasser lauernd
In den Uferbereichen langsam fließender Gewässer streifen Seidenreiher auf der Jagd nach Krebstieren, kleinen Fischen oder Reptilien umher.

Farbenpracht
Auf überhängenden Zweigen lassen sich bisweilen geduldige Eisvögel auf ihrem Ansitz beobachten – mit etwas Glück auch beim Tauchen nach einem kleinen Fisch.

EISVOGEL
17–19 cm

Regungslos auf einem Ast am Flussufer sitzend wartet er auf den richtigen Moment, um sich auf einen Fisch zu stürzen. Bisweilen kann man sein leuchtendes Blau beim Flug dicht über der Wasseroberfläche erspähen.

GEBIRGSSTELZE
18–19 cm 🔊 57

Ins Auge sticht die wunderschön gelb leuchtende Unterseite dieses schlanken Vogels mit grauem Rücken und einem weißen Band auf der Flügelunterseite.

SCHILFROHRSÄNGER
13 cm 🔊 69

Dieser Zugvogel ist im Schilf und in Weiden zu beobachten. Die Männchen verfügen über ein ausgesprochen variables Gesangsrepertoire.

UFERSCHWALBE
12 cm

Ein braunes Band über der Brust und der kurze, gegabelte Schwanz kennzeichnen diesen kleinen Zugvogel. Die Uferschwalbe nistet in Brutröhren, die sie in Steilwände am Ufer gräbt.

ROHRAMMER
16 cm

Kleiner Vogel mit gestreiftem Gefieder und kennzeichnendem weißem Halsband. Meist im Schilf anzutreffen.

SEIDENREIHER
55–65 cm

Kleiner, rein weißer Reiher mit schwarzem Schnabel. Zur Brutzeit entwickelt er elegante Schmuckfedern. Oft wenig aktiv, nur wenn er Beute erblickt, schlägt er blitzartig zu.

WASSERAMSEL
17–20 cm

Bevorzugt saubere schnell fließende Bäche mit Steinen oder Bäumen am Ufer. Der rundliche kleine Vogel watet, schwimmt und taucht nach Nahrung und kann sogar unter Wasser laufen.

GRAUREIHER
84–102 cm 🔊 5

Seinen leuchtend weißen Hals zieht dieser große Vogel oft zwischen die Schultern zurück. Im Flug schlägt er lässig mit seinen gebogenen Flügeln, die langen Beine nach hinten ausgestreckt.

FLUSSSEESCHWALBE
31–38 cm

Sehr verbreitete Seeschwalbe mit spitzem orangem Schnabel und kurzen Beinen. Bildet lautstarke Schwärme und taucht im Sturzflug nach Fischen.

Vögel an Fließgewässern

Über schnell fließenden Gewässern sind häufig Insekten fressende Kleinvögel beim Beutefang zu beobachten. Watvögel, Lappentaucher und Gründelenten sind eher an langsam fließenden Gewässern zu Hause. Zunehmend wird auch der Kormoran im Binnenland heimisch.

Das Weiß der Unterseite verläuft vor dem Flügel nach oben

FLUSSUFERLÄUFER
19–21 cm 28

Kleiner, sandbrauner Watvogel mit blass gelblichen Beinen. Wippt häufig mit dem Schwanz und bevorzugt schnell fließende Gewässer.

Flauschiges rundes Hinterteil, fast schwanzlos

ZWERGTAUCHER
23–29 cm 2

An größeren Fließgewässern kann man diesen kleinen, rundlichen Wasservogel beobachten, meist auf dem Wasser treibend, selten an Land. Taucht nach Nahrung.

KORMORAN
100 cm

Den großen, glänzend schwarzen Wasservogel kann man häufig an Flussufern sitzend beobachten, wenn er nach einem Tauchgang zum Fischfang seine Flügel zum Trocknen ausbreitet.

Schnabel mit hakenförmiger Spitze zum Fischfang

Erpel im Prachtkleid mit glänzend grünem Kopfgefieder

♀

STOCKENTE
50–65 cm 13

Vertraute, orangebeinige Ente. Die Erpel sind prächtig gefärbt, die Weibchen braun gesprenkelt, beide mit blauem Flügelspiegel.

GÄNSESÄGER
58–68 cm

Großer, stromlinienförmiger Entenvogel, der nach Fischen taucht und diese mit seinem gesägten Schnabel packt. Nistet in Baumhöhlen, schwimmt tief im Wasser liegend oder ruht am Ufer, wobei die roten Beine sichtbar werden.

Weibchen mit rotbraunem Kopf und leichtem Schopf

♀

Von der Quelle bis zur Mündung ins Meer kann ein Fluss zahlreiche Lebensräume für Vögel bieten.

Süßwasser-Feuchtgebiete

In diesen ständig feuchten oder überfluteten Gebieten hat sich eine spezielle Vegetation entwickelt. Hinzu kommen in hohem Maße an das Leben im Wasser, am Ufer oder im Umfeld angepasste Vögel.

Versteckspiel

Der Rand eines Schilfröhrichts ist ein vielfältiger und für Vögel und Vogelbeobachter gleichermaßen lohnender Ort. Die dichte Feuchtgebietsvegetation lichtet sich an den Rändern oft aus und zwischen Schilf, Gras und Seggen bilden sich kleine Öffnungen, Gräben und Rinnsale. Dies bietet anderen Pflanzen und Insekten Licht und Raum und gleichzeitig Deckung für fischfressende Vögel, die auf vorbeischwimmende Fische lauern.

Im dichten Schilfbestand oder auf Weiden im Uferbereich kann man nach Zugvögeln wie Rohrsängern Ausschau halten. Zu ihnen gesellen sich oft wohlbekannte geschäftige Arten wie Zaunkönige und Blaumeisen. Direkt am Wasser gehen Teichhühner, Wasserrallen und Rohrdommeln auf Nahrungssuche. Diese scheuen Sumpfbewohner sind meist eher zu hören, als zu sehen, weil ihr Gefieder sie perfekt tarnt und sie sich zudem tief im Röhricht verstecken. Die dichte Vegetation direkt über dem Wasser bietet im Winter Starenschwärmen einen warmen und sicheren Schlafplatz für die Nacht.

Getarnt im Schilfgürtel
Vögel wie die Rohrdommel leben versteckt im Schilf. Im Frühjahr kann man die tiefen dröhnenden Rufe der Männchen hören.

Samensuche im Schilf
Ihr nasaler »psching«-Ruf und raschelnde Schilfhalme verraten Bartmeisen. Sie sind speziell an das Leben im Schilf angepasst und kommen nur hier vor.

Röhricht-Raubvogel
Andere Greifvögel und Eulen jagen ebenfalls über Schilfbeständen, aber lediglich die Rohrweihe nistet auch im Röhricht.

Auf Schilf spezialisierte Vögel sind naturgemäß selten und ortsgebunden. Bartmeisen z.B. gehen nur im Schilf auf Nahrungssuche und nisten auch nur dort. Einige sehr langzehige Vögel waten zwischen den dicht stehenden Halmen umher. In ausgedehnten Schilfbeständen brüten bisweilen die seltenen Rohrdommeln, ziehen sich im Winter aber wieder in kleinere Bereiche mit Sumpfvegetation und flacherem Wasser zurück. Rohrweihen nutzen selbst kleine Schilfgebiete und gehen auf angrenzendem offenen Gelände auf die Jagd.

Gigantische Schwärme
An den Schlafplätzen im Schilf finden sich in der Dämmerung oft Millionen von Staren ein. Bevor sie sich zur Ruhe begeben, zeigen sie häufig spektakuläre Formationsflüge.

Mit dem gestreiften Gefieder im Schilf hervorragend getarnt

ROHRDOMMEL
70–80 cm 🔊 4

Diese Verwandte der Reiher ist wegen ihrer bemerkenswerten Tarnung im Schilf kaum auszumachen. Bisweilen sind jedoch ihre außerordentlich dumpfen Rufe in Feuchtgebieten zu vernehmen.

Keilförmiger gelber Schnabelfleck

SINGSCHWAN
150 cm 🔊 7

Der Schnabel dieses großen Schwans ist waagrechter als der des Höckerschwans und gelber als der des Zwergschwans. Oft in gemischten Schwärmen mit anderen Schwänen anzutreffen.

Abgerundeter orangegelber Schnabelfleck

ZWERGSCHWAN
120 cm 🔊 8

Im Winter treffen laut lärmende Schwärme von Zwergschwänen ein. Dieser kleinste unserer Schwäne rastet oft auf dem offenen Wasser, gerne in Gesellschaft anderer Schwäne.

Weißer, s-förmig gekrümmter Hals

GRAUREIHER
84–102 cm 🔊 5

Großer Reiher, steht oft regungslos im Flachwasser, den Hals steif ausgestreckt oder s-förmig zwischen die Schultern gezogen, und lauert geduldig auf vorbeischwimmende Beute.

Flügel beim Männchen grau mit schwarzen Spitzen

Scharfe Krallen zum Beutefang

ROHRWEIHE
48–56 cm

Diese größte Weihe jagt Frösche, Kleinsäuger und Vögel und gleitet dazu gewöhnlich niedrig über Feuchtgebiete. Die Flügel hält sie dabei in V-Form.

Hübsche helle, herzförmige Gesichtsbefiederung

SCHLEIEREULE
33–39 cm 🔊 43

In der Dämmerung hält diese Eule von einem Ansitz aus oder im niedrigen Flug Ausschau nach einer Mahlzeit. An kurzen Wintertagen jagt sie mitunter auch tagsüber.

Anders als Blesshühner mit Weiß an Schwanz und Körper

Roter Schnabel mit gelber Spitze

TEICHHUHN
30–38 cm

Vom ähnlichen Blesshuhn unterscheidet sich das Teichhuhn durch den roten Schnabel und weiße Stellen im Gefieder. Am oder auf dem Wasser zu beobachten.

Besonders viele Vögel verstecken sich am Übergang von der Ufervegetation zum Wasser.

Vögel in Feuchtgebieten

Im Sommer sorgen Rohrsänger und Stelzen in Feuchtgebieten für Leben, aber auch im Winter kann die Wasservogelwelt interessant sein. Also im Schilf und in der Ufervegetation nach Aktivitäten schauen!

Männchen mit schwarzem Bartstreif

BARTMEISE
14–15 cm

Diesen hübschen kleinen Vogel im Schilf zu entdecken, ist ein unvergesslicher Moment. Weibchen sind am Kopf einfarbig sandbraun, Männchen haben einen auffälligen Bartstreif.

TEICHROHRSÄNGER
13 cm 🔊 70

Der kleine Rohrsänger ist im dichten Schilf schwer zu entdecken, oft hört man jedoch seinen rhythmischen quirlenden Gesang.

Halsband und Bartstreif weiß

ROHRAMMER
13–15 cm

Diesen kleinen Vogel kann man aufrecht an Halmen sitzen oder auf dem Boden nach Nahrung suchen sehen. Der Kopf des Männchens ist schwarz, der des Weibchens braun mit dunklen Wangen.

SCHILFROHRSÄNGER
13 cm 🔊 69

Oft in vielfältigerer Vegetation anzutreffen als der Teichrohrsänger. Auch sein Gesang ist vielfältiger – melodiöser trillernd und schwatzend mit weniger regelmäßigem Rhythmus.

SCHAFSTELZE
15–16 cm 🔊 56

Dieser kleine Zugvogel ist oft dabei zu beobachten, wie er auf der Jagd nach Insekten mit wippendem Schwanz auf dem feuchten Boden umherhuscht.

Bauch beim Männchen lebhafter gelb gefärbt

Kurzer, leicht abwärts gebogener Schnabel

KAMPFLÄUFER
25–34 cm

Mittelgroßer Watvogel, sucht im Flachwasser nach Nahrung. Im Allgemeinen blassbraun, aber im Prachtkleid entwickeln die Männchen einen farbigen Kragen und Schopf.

WASSERRALLE
23–28 cm

Scheuer, rundlicher Vogel mit rotem Schnabel, versteckt sich oft in der Ufervegetation. Daher hört man eher sein schweineähnliches Quieken, als ihn zu sehen.

Langer, gerader Schnabel zum Stochern nach Würmern

BEKASSINE
25–27 cm 🔊 33

Mittelgroßer Watvogel, versteckt sich in der dichten Ufervegetation und ist dort durch sein braun-cremefarben gestreiftes Gefieder an Kopf und Rücken hervorragend getarnt.

ZWERGSCHNEPFE
18–25 cm

Kleiner, dunkler Wintergast. Versteckt sich in dichter Vegetation und fliegt nur bei Störungen auf, daher bekommt man ihn kaum zu Gesicht.

Rücken dunkelbraun mit goldenen Streifen

Seen, Stauseen und Kiesgruben

Natürliche oder aufgestaute Seen und geflutete Kiesgruben bieten vielen Vögeln geeignete Lebensräume. Häufig gibt es hier Beobachtungshütten, aus denen man die Vögel störungsfrei beobachten kann.

Ansitzen und Beobachten

Die häufig an Feuchtgebieten stehenden, öffentlich zugänglichen Beobachtungshütten bieten Vogelbeobachtern Schutz, eine gewisse Bequemlichkeit sowie gute Sicht und verringern zudem Störungen der dortigen Vogelpopulation. Da die Wasser- und Watvögel im Uferbereich bei Störungen meist wegfliegen und nicht wiederkommen, ist es hier besonders wichtig, sich ruhig zu verhalten und sie von einem festen Punkt aus störungsfrei zu beobachten.

Auf dem offenen Wasser kann man bisweilen Haubentaucher, Kormorane und verschiedene Enten sehen. Nach der Art des Nahrungserwerbs unterscheidet man zwischen Tauch- und Schwimm- oder »Gründelenten«. Manche Gründelenten, etwa die Pfeifente, suchen auch auf angrenzenden Grasflächen nach Nahrung und ruhen häufig am Ufer. Im

Exzellenter Fischer
Im Sommer kann man manchmal Fischadler bei der Jagd beobachten – also auch am Himmel schauen!

Am Gewässerrand
Wenn man einen kleinen dunklen Watvogel mit strahlend weißem Bauch sieht, ist das wahrscheinlich ein Waldwasserläufer.

Nahrung schöpfen
Der breite Schnabel der Löffelente ist ideal dazu geeignet, Nahrung von der Wasseroberfläche zu sieben.

Winter erhöht sich die Arten- wie auch die Individuenzahl enorm. Am besten »scannt« man von einem Ende des Sees zum anderen die ganzen Schwärme und schaut, was man findet. Vor allem im Winter werden Seen auch von Tausenden von Möwen bei Nacht als Schlafplatz aufgesucht. Bei niedrigem Wasserstand locken selbst weit landeinwärts liegende Gewässer zur Zeit des Vogelzugs Watvögel wie Grünschenkel, Flussuferläufer, Waldwasserläufer, Sanderlinge, Alpenstrandläufer und Sandregenpfeifer an.

Balzrituale
Im Frühling kann man Haubentaucher bei ihren ritualisierten Balztänzen beobachten. Dabei stellen sie Haube und Federkragen auf und zeigen koordinierte Bewegungen.

TAFELENTE

45 cm

Diese Tauchente geht überwiegend nachts auf Nahrungssuche und verschläft den Tag. Auf Seen sammeln sich große Schwärme zum Überwintern.

ZWERGSÄGER

38–44 cm

Der kleine Entenvogel ist ein hervorragender Taucher und seltener Wintergast. Männchen sind überwiegend weiß, Weibchen und Jungvögel haben einen rotbraunen Kopf.

REIHERENTE

40–45 cm

Kennzeichen dieser auf dem Wasser oft inaktiven kleinen Tauchente ist der Schopf am Hinterkopf. Männchen sind schwarz-weiß, Weibchen schokoladenbraun.

SCHELLENTE

45 cm

Mittelgroße Tauchente mit kurzem, dreieckigem Schnabel. Weniger häufig in Schwärmen anzutreffen als andere Enten. Weibchen sind graubraun, Männchen auffälliger gefärbt.

LÖFFELENTE

44–50 cm

Große Gründelente mit massigem Kopf. Mit ihrem löffelförmigen Schnabel durchpflügt sie das Wasser nach Pflanzen und Wirbellosen.

KRICKENTE

30–41 cm

Diese hübsche, dunkelbeinige Ente fliegt sehr wendig und überwintert in großen Schwärmen. Männchen wie Weibchen haben einen leuchtend grünen Flügelspiegel.

HAUBENTAUCHER

46–51 cm

Dieser Wasservogel taucht hervorragend, kann aber kaum an Land laufen. Er nistet im Uferbereich. Zur Brutzeit entwickelt er einen schmuckvollen Kragen für die Balzzeremonie.

SCHNATTERENTE

47–58 cm

Große, relativ schlicht gefärbte Gründelente, im Winter mehr gesprenkelt. Männchen wie Weibchen mit weißem Flügelspiegel.

Vögel an Seen, Stauseen und Kiesgruben

Seen ziehen auch viele Landvögel zum Trinken oder zur Nahrungssuche an. Uferbereiche wie Kiesstrände, Schlickflächen, Wiesen, Schilfgürtel und Weidendickichte bieten Wasservögeln eine Vielfalt an Habitaten.

UFERSCHWALBE
12–13 cm

Kleiner, braun-weißer Vogel. Brütet nach Ankunft im Frühling in selbst gegrabenen Bruttröhren in Steilwänden am Ufer. Fängt tief über dem Wasser fliegend kleine Insekten.

FLUSSREGENPFEIFER
15–18 cm

Kiesgruben bilden den perfekten Lebensraum für den kleinen, rundlichen, kurzschnäbeligen Zugvogel. Er ist kleiner als der Sandregenpfeifer, verhält sich bei der Nahrungssuche aber ganz ähnlich wie dieser.

WALDWASSERLÄUFER
20–24 cm 29

Mittelgroßer Watvogel, bei der Nahrungsaufnahme am Ufer zu beobachten. Am Rücken dunkler als andere Wasserläufer und unterseits weiß.

Aus Beobachtungshütten kann man die Aktivitäten der Vogelwelt am besten beobachten.

TRAUERSEESCHWALBE
25 cm

Kleiner, eleganter Zugvogel mit schwarzem Kopf und Bauch und grauen Flügeln. Fliegt zum Insektenfang zumeist dicht über der Wasseroberfläche.

FISCHADLER
43–60 cm

Der große Zugvogel ist ein beeindruckender Anblick, wenn er auf einem Ast hoch über dem Wasser sitzt oder im Flug rüttelt und sich auf Fische herabstürzt.

BAUMFALKE
29–36 cm

Diesen kleinen Falken kann man im Sommer dabei beobachten, wie er geschickt Insekten im Flug fängt. Er hat lange, zugespitzte Flügel, Kehle und Wangen sind weiß.

KORMORAN
100 cm

Erbeutet tauchend und schwimmend Fische. Anschließend setzt er sich mit ausgebreiteten Flügeln auf Felsen oder einen Pfosten, um sein nicht wasserabweisendes, glänzend schwarzes Gefieder zu trocknen.

Lied der Lerche
Am schönsten und ausdauerndsten singen Feldlerchen bei ihrem Singflug, aber auch von niedrigen Ansitzen kann man sie singen hören.

Felder, Wiesen und Hecken

Welche Vögel sich in diesen Lebensräumen beobachten lassen, variiert je nach Jahreszeit und Bewirtschaftung. Dabei haben die landwirtschaftlichen Praktiken großen Einfluss auf die Vogelpopulation.

Anpassung an Veränderungen

Landwirtschaftliche Flächen sind schon ihrem Wesen nach im Laufe eines Jahres Veränderungen unterworfen: Es wird gesät, gemäht und geerntet. Noch umfangreichere Änderungen der Anbaumethoden, die beträchtliche Folgen hatten, erforderten eine noch viel stärkere Anpassung der Vögel. Infolgedessen ist die Zahl mancher dort lebenden Vögel, insbesondere der Bodenbrüter, erheblich zurückgegangen, z.B. von Rotschenkeln, Brachvögeln und Kiebitzen. Früher im Winter häufig zu beobachtende gemischte Schwärme aus Finken, Spatzen und Ammern sind mittlerweile selten geworden. Statt im Frühling auszusäende Getreidearten wird heute vermehrt Winterweizen angebaut, der im Frühjahr schon dicht und hoch ist. Das hat die Nistmöglichkeiten ehemals häufiger Vögel wie Feldlerche und Kuckuck weiter verringert. Trotzdem gibt es auf Agrarflächen noch immer viel zu sehen – insbesondere, wenn Hecken erhalten geblieben sind und ökologische Landwirtschaft betrieben wird. Möwen folgen oft in Scharen einem Pflug, Rebhühner, Fasane und Gänse suchen auf Feldern nach Samen, Körnern und Gras. Zum Winteranfang fallen Scharen von Wacholder- und Rotdrosseln in Heckenlandschaften und kurz gemähte Wiesen ein. Darüber kreist vielleicht ein Rotmilan auf der Jagd nach Kleinsäugern. Auf einzeln stehenden alten Eichen findet man mitunter einen Steinkauz. Um eine jagende Schleiereule zu beobachten, muss man eine der selten gewordenen naturbelassenen Wiesen finden.

Bodenbrüter
Kiebitze brüten zwar schon seit Jahrhunderten auf Agrarflächen, sind heute aber durch die Anbaumethoden gefährdet.

Wurmmahlzeit
In einem frisch gepflügten Feld finden sich große gemischte Möwenschwärme ein und laben sich an freigelegten Würmern.

Heckenfest
Im Oktober fallen Wacholderdrosseln in die Hecken ein und machen sich über die reifen Beeren her.

Vögel der Felder, Wiesen und Hecken

Auch wenn ihre Zahl in den letzten Jahrzehnten stark rückläufig ist, gibt es hier immer noch eine große Vielfalt an Vögeln. Sie ernähren sich zumeist von Sämereien und Insekten oder erbeuten hier lebende Kleinsäuger.

Im Gegensatz zur Aaskrähe grauer Schnabel

Flaumfedern an den Beinen

SAATKRÄHE
45–47 cm 87

Große, glänzend schwarze Krähe. Ist ein hervorragender Flieger und segelt in große Höhen. Sammeln sich gesellig in großen Kolonien, auf Feldern häufig vergesellschaftet mit Dohlen.

RINGELTAUBE
38–45 cm 39

Große Taube mit weißen Abzeichen an Hals und Flügeln. Ihr Ruf ist ein wiederholtes gurrendes »ruhgu-gugu, rugugu-gugu, gu«.

Weißer Halsfleck, rosa Brust

Männchen mit auffallend rosaroter Brust

GIMPEL ODER DOMPFAFF
14–17 cm 96

Untersetzter Vogel mit schwarzer Kappe, tritt oft paarweise auf. Besonders die Männchen sind spektakulär gefärbt (die Brust der Weibchen ist graubraun).

Grün schimmernder Halsfleck

HOHLTAUBE
30–34 cm 38

Der kleinen grauen Taube fehlen die weißen Abzeichen der Ringeltaube. Ihr dumpf gurrender Ruf klingt wie »hu-ruu«.

Nackenfleck mit schwarzen Binden

Einfarbiger Kopf, großer heller Schnabel

KIEBITZ
28–31 cm 26

Ein lautes »kie-wit« stammt von diesem schwarz-weißen Vogel mit Federhaube. Im Winter sieht man oft große Schwärme fliegen.

GRAUAMMER
16–19 cm 99

Der starengroße, finkenähnliche Vogel sitzt oft auf Leitungen oder Büschen, ist aber ein seltener Anblick. Der Gesang erinnert an das Klirren eines Schlüsselbundes.

TURTELTAUBE
25–27 cm 41

Zierlicher, seltener, sehr farbenfroher Zugvogel mit orange-braun gemustertem Rückengefieder. Der Gesang ist ein sanftes Gurren.

♀

STEINKAUZ

22 cm

Die kleine Eule ist überwiegend nachtaktiv, jagt aber auch bei Tag. Sitzt oft auf Ästen oder Stümpfen. Typisch sind die hellgelben Augen und die »Augenbrauen«.

FASAN

70–150 cm 🔊 18

Der große Hühnervogel ist ein häufiger Anblick in offenem Gelände. Bei Störung ruft er lautstark. Hahn farbenprächtig mit langem Schwanz, Henne braun gesprenkelt.

Schwarze Augen, weißes Gesicht

SCHLEIEREULE

32–40 cm

Die mittelgroße Eule kann man in der Dämmerung auf Beutesuche in niedrigem Flug umherstreifen sehen. Ihre Vorderseite ist weiß, der Rücken golden-sandfarben.

ROTMILAN

60–66 cm

Der imposante Vogel ist ein spektakulärer Anblick, wenn er beim Flug über Felder nach Beute Ausschau hält. Typisch sind der gegabelte Schwanz und die abgewinkelten Flügel.

Langer, gegabelter, rostroter Schwanz

Schwarze Flügelspitzen

Gesicht orange, Rücken gestreift

REBHUHN

30–33 cm 🔊 16

Kleiner, rundlicher Vogel mit Streifen an den Flanken. Flüchtet bei Störungen meist zu Fuß, kann aber auch schnell in geringer Höhe fliegen.

NEUNTÖTER

18 cm

Das Männchen trägt eine schwarze Gesichtsmaske am grauen Kopf, sein Rücken ist rotbraun. Diese Würger-Art frisst Insekten und kleine Wirbeltiere.

Großer oranger Schnabel

Beine rosa oder orange

GRAUGANS

90 cm 🔊 10

Untersetzter, mit kürzerem Hals und blasser als die Kanadagans. Auf Feldern oft in gemischten Schwärmen anzutreffen.

Beine grünlich gelb

STURMMÖWE

40–46 cm

Sportplätze und gepflügte Felder sind die bevorzugten Lebensräume dieser mittelgroßen Möwe. Der Rücken ist silbergrau, Kopf und Bauch sind weiß.

WACHOLDERDROSSEL

25 cm

Große Drossel mit schwarz gesprenkelter Brust. Der Wintergast bildet gesellig große Schwärme auf Weiden und in beerentragenden Hecken. In Süddeutschland auch Brutvogel.

Obere Brust mit goldgelbem Hauch

WEISSSTORCH

100 cm

Dieser schwarz-weiße Zugvogel mit seinem langen roten Schnabel und Beinen tritt bei uns meist in Paaren auf. In seinem Winterquartier findet man jedoch große Schwärme.

Schwarze Flügelspitzen

Wälder und Gehölze

Was man in Wäldern an Vögeln zu sehen bekommt, hängt von Ort und Jahreszeit ab, aber auch von den dort wachsenden Baumarten. Meist ist mehr zu hören, als zu sehen. Also Ohren spitzen und genau hinschauen!

Geduld beim Beobachten

Vögel im Wald beobachten zu wollen, kann frustrierend sein: Man hört jede Menge Vögel, sieht aber meist kaum welche, weil sie im dichten Laub verborgen sind. Im Spätsommer können selbst die besten Wälder leer erscheinen, weil viele Vögel in Schwärmen wegziehen und andere sich während ihrer jährlichen Mauser zurückziehen. Welche Vögel man antrifft, ist jahreszeitlich und je nach Lokalität unterschiedlich und auch von den dort wachsenden Baumarten und deren Wuchsdichte abhängig.

Nadelbäume werden von Nahrungsspezialisten wie Kreuzschnäbeln besucht und von anpassungsfähigen Vögeln wie Buntspechten. An manchen Stellen tauchen auch lokal begrenzt Haubenmeisen auf. Selbst ein einzelner Nadelbaum in einem Mischwald kann Tannenmeisen und Goldhähnchen anlocken. In alten Laubbäumen findet man dagegen eher die vertrauten Amseln, Rotkehlchen und Singdrosseln. Mitunter trifft man dort auch auf Spezialisten wie Trauerschnäpper, Waldlaubsänger und Gartenrotschwänze. Nachtigallen und Weidenmeisen bevorzugen das dichte Gestrüpp aus Schösslingen im Unterholz.

Im Spätsommer gesellen sich zu den gemischten Schwärmen aus Blau-, Kohl-, Tannen- und Schwanzmeisen auch Kleiber und andere Vögel, weil sie bei der Suche nach Nahrung voneinander profitieren und mehr Augen Feinde rascher wahrnehmen. Um diese Feinde – Bussarde, Sperber und Habichte – zu erspähen, sollte man den Blick ab und an auch mal zum Himmel richten.

An Baumstämmen
Das Klopfen eines Buntspechts auf der Suche nach Nahrung unter Rinde oder beim Zimmern der Bruthöhle hört man meist früher, als man ihn sieht.

Nadelbaum-Spezialist
Die gekreuzten Schnabelspitzen und die dicke Zunge des Kreuzschnabels sind ideal, um Zapfen zu öffnen und die Samen herauszuklauben.

Am Waldboden
Wintergäste wie Bergfinken ernähren sich von heruntergefallenen Sämereien und Buchenmast am Waldboden, oft gemeinsam mit Buchfinken.

In den Bäumen
Die verbreitetste Eule in Wäldern ist der für den typischen Käuzchenruf bekannte Waldkauz. In Nadelbäumen und Bergwäldern kann man auch Waldohreulen antreffen.

Vögel der Wälder und Gehölze

Tief im Wald kann es schwierig sein, Vögel zu beobachten, denn diese müssen stets auf der Hut sein und sich vor gewieften Räubern wie dem Habicht, dem »Phantom des Waldes«, verstecken.

GARTENGRASMÜCKE
12 cm 🔊 67

Dieser unscheinbar gefärbte Zugvogel bevorzugt niedrige Bäume und Sträucher. Wahrscheinlich wird man eher seinen melodiös fließenden Gesang hören, als ihn zu sehen.

EICHELHÄHER
32–35 cm 🔊 85

Im Flug wirkt der farbige Rabenvogel weitgehend schwarz-weiß. Im Sitzen offenbart sich das hübsche rötlich beige Gefieder mit irisierendem Blau.

WALDLAUBSÄNGER
11–12 cm

Kleinvogel mit grünlichem Rücken, gelber Kehle und gelbem Augenstreif. Oft singend in den Baumkronen, besonders von Eichen und Buchen, zu beobachten.

BUNTSPECHT
20–24 cm 🔊 48

Mittelgroßer Specht mit auffällig schwarz-weißem Gefieder und roter Schwanzunterseite. Im Frühling ist sein charakteristisches Trommeln zu vernehmen.

GARTENROTSCHWANZ
13–14,5 cm

Rotkehlchengroßer Zugvogel, im Sommer in Eichengehölzen oder in der Heide von Bäumen singend zu beobachten. Männchen mit roter Brust und langem rotem Schwanz.

HABICHT
46–63 cm

Dieser große Greifvogel ist ein gefürchteter Jäger, der mit hoher Geschwindigkeit durch den Wald fliegt. Das größere Weibchen ist unterseits weißlich gebändert, das kleinere Männchen grauer.

WALDKAUZ
37–46 cm 🔊 42

Großer, bei Nacht jagender Eulenvogel. Tagsüber bisweilen auf einem Ansitz zu sehen, wo er manchmal von Kleinvögeln gemobbt wird.

SPERBER
28–38 cm

Relativ kleiner Greifvogel (das Weibchen ist größer) mit abgerundeten Flügeln und schmalem Schwanz. Oft im Gleitflug zu beobachten, aber nie rüttelnd wie ein Turmfalke.

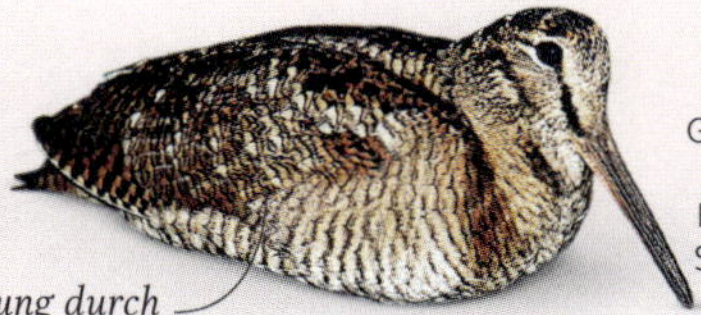

WALDSCHNEPFE
33–35 cm
Gedrungene, nachtaktive Schnepfe, bisweilen in der Dämmerung im Flug über Gehölze zu beobachten. Stochert mit dem langen, geraden Schnabel nach Würmern.

KLEIBER
13–14 cm 🔊 82
Kleiner, akrobatischer Vogel, der kopfüber an Baumstämmen herabklettern kann. Sein Pfeifen und Trillern klingen weit durch Wälder und Parklandschaften.

WALDBAUMLÄUFER
12,5 cm
Mit seinen langen, gebogenen Krallen klettert dieser kleine Vogel an Bäumen hoch und turnt kopfüber an Zweigen.

SOMMER-GOLDHÄHNCHEN
9 cm
Neben dem Wintergoldhähnchen unser kleinster Vogel, aber noch bunter gefärbt. Oft hoch oben in Stechpalmen oder Efeu zu beobachten.

Im Wald ist beim Beobachten Geduld gefragt – hilfreich sind verräterische Geräusche wie das Rascheln von Zweigen.

FICHTENKREUZSCHNABEL
16,5 cm 🔊 97
Schwärme dieses großen Finkenvogels finden sich in Nadelbäumen, wo sie über die Zapfen herfallen. Männchen sind rot, Weibchen grünlich.

SUMPFMEISE
12 cm 🔊 80
Die überwiegend braune Meise ähnelt sehr der Weidenmeise, aber ihre Kappe ist glänzender. Ihr Ruf klingt wie »pjiet-scha«. Oft am Waldrand zu finden.

KOHLMEISE
9–10 cm 🔊 76
Kleiner, rundlicher akrobatischer Vogel, nicht ganz so bunt wie andere Meisen. Liebt Nadelgehölze, ist aber auch in Mischwäldern anzutreffen.

TRAUERSCHNÄPPER
12–13,5 cm
Nach Ankunft aus dem Winterquartier brütet dieser kleine Vogel in Baumhöhlen oder Nistkästen. Er frisst Insekten, die er im Flug erbeutet, bisweilen auch vom Boden aufpickt.

ERLENZEISIG
12–13 cm
Schwärme der kleinen Finkenvögel halten sich oft in Lärchen oder Erlen auf und lassen ihre zwitschernden oder mechanisch knirschenden Laute ertönen.

Heide, Magerrasen und Gebüsche

Die Heide mit ihrem Bewuchs aus Heidekraut, Stechginster und Farnen und Kalk-Magerrasen, die oft noch mit niedrigem dichten Gebüsch bewachsen sind, bietet viel Raum und Kleinlebensräume für Vögel.

Weiter Himmel und ausgedehnte Landschaften

Eine Wanderung in Magerrasen- und Heidegebieten bietet zahlreiche Möglichkeiten zur Vogelbeobachtung. In trockener Heide begegnet man Schwarzkehlchen, Wiesenpiepern und Feldlerchen. Mit etwas Glück kann man den unverwechselbaren Ruf des Kuckucks und den wunderschönen Gesang der Heidelerche hören. Höhere Bäume werden von Baumpiepern genutzt, Fitislaubsänger und Birkenzeisige bevorzugen dagegen Gebüsche.

Auf Magerrasen findet man eher Grau- und Goldammern, Feldlerchen, Rebhühner und verschiedene Krähenarten. Mancherorts gibt es noch Braunkehlchen, die aber allgemein im Schwinden begriffen sind. Sie bevorzugen Hänge mit Farnbewuchs, junge Nadelgehölze und Grasland mit vereinzelten hohen Bäumen. Um an Stellen mit dichterem Gebüsch die relativ seltenen Turteltauben oder eine singende Nachtigall zu entdecken,

Singende Feldlerche
Ob am Boden oder in der Luft, der unermüdliche Gesang der Feldlerche kann minutenlang dauern.

Versteckt in der Heide
Die häufigen Wiesenpieper flattern mit einem hohen dünnen Ruf vom Boden auf, wenn man ihnen zu nahe kommt.

Vom Ansitz aus
Schwarzkehlchen lieben Ansitze wie Stechginster, aber auch hohe Heidesträucher, Zaunpfosten oder Überlandleitungen.

braucht man sehr viel Glück. Wahrscheinlicher findet man dort Dorn- und Klappergrasmücken und ein oder zwei Paar Gimpel. Heckenbraunellen und Zaunkönige sind hier wie fast überall häufig. Am Himmel segeln Greifvögel und halten Ausschau nach Insekten, Kleinvögeln und Säugetieren. Neben den häufigeren Mäusebussarden und Rotmilanen kann man manchmal auch Baumfalken und vereinzelt Turmfalken entdecken, obwohl diese mittlerweile auch seltener geworden sind.

Scharfsichtiger Jäger
Über offenem Gelände kann man Kornweihen beobachten, wie sie auf der Jagd mit angehobenen Flügeln lange dicht über den Boden gleiten.

Schwanz länger als bei der Klappergrasmücke

DORNGRASMÜCKE
14 cm
Kleiner, lebhafter Zugvogel. Singt oft mit aufgeplusterter weißer Kehle und zuckendem Schwanz von einem Busch oder auch im Flug.

KLAPPERGRASMÜCKE
13 cm
Kleiner als ihre Verwandte, gräulich mit dunklem Wangenfleck und kürzerem Schwanz. Lebt meist zurückgezogen in Dickichten und Hecken.

FITIS
12 cm 73
Kleiner Laubsänger mit schwermütigem, abfallendem Gesang – im Gegensatz zum wiederholten »Zilp-zalp« des im Aussehen sehr ähnlichen Zilpzalps. Im Sommer häufig in Birken, Weiden und anderen kleinen Bäumen am Rand von Heidegebieten anzutreffen.

Beine heller als beim Zilpzalp

Kleine, aufstellbare Haube

FELDLERCHE
18–19 cm 49
Im Rüttelflug hoch über offenen Flächen singt die Feldlerche ihr charakteristisches melodisches Lied. Sie ist größer als ein Sperling, kleiner als eine Drossel und brütet am Boden.

Rücken graubraun, Bauch gefleckt

MISTELDROSSEL
27 cm 65
Größer als die ähnlich aussehende Singdrossel. Liebt hohe Bäume, ist aber in Heidegebieten auch in Sträuchern anzutreffen.

Breiter heller Überaugenstreif

HEIDELERCHE
15–18 cm 51
Kleine, schwer zu findende Lerche. Sitzt oft auf einem Ansitz in einem Baum, nistet aber zwischen Grasblüten und Heidesträuchern. Kleiner und mit kürzerem Schwanz als die Feldlerche.

In offenen Graslandschaften ertönt der Gesang von Lerchen und Piepern.

Im Gegensatz zum Schwarzkehlchen deutlicher weißer Überaugenstreif

♀

BRAUNKEHLCHEN
12–14 cm
Zugvogel, weniger winterhart als das Schwarzkehlchen und insgesamt heller gefärbt, mit weißem Überaugenstreif. Sitzt gerne an hohen Gräsern, Farnwedeln und aufrechten Stängeln.

SCHWARZKEHLCHEN
12–14 cm 63
Kleiner, rundlicher Vogel mit aufrechter Haltung. Dunkler als das Braunkehlchen und ohne Augenstreif. Lebt in Heide und Ginster und äußert schnalzende Laute.

Orange Brust beim Weibchen blasser

♀

Männchen mit schwarzer Kehle

Mit dem gesprenkelten Gefieder ausgezeichnet getarnt

ZIEGENMELKER
25–28 cm 44
In der Dämmerung kann man den schnurrenden Lauten dieses nachtaktiven Insektenfressers lauschen. Der Zugvogel lebt meist gut versteckt im Unterwuchs.

Vögel der Heide, Magerrasen und Gebüsche

Zwischen diesen unterschiedlichen Habitat-Typen gibt es eine gewisse Überlappung. In der Heide leben oft andere Vogelarten als auf Magerrasenflächen, manche kommen aber auch in beiden Gebieten vor.

Rote Kappe, schwarzes Kinn

BIRKENZEISIG
13–14 cm

Kleiner, braun gestrichelter Fink mit roter Kappe. Bildet Schwärme in Birken, Erlen und Kiefern zum Fressen von Sämereien oder in Sträuchern für Insekten.

Im Jugendkleid braun, im Adultkleid grauer

KUCKUCK
32–34 cm

Da er sich häufig in Bäumen versteckt, hört man diesen Vogel eher sein typisches »Kuckuck« rufen, als ihn zu sehen.

An den Flanken schwach gestriemt

BAUMPIEPER
14–15 cm

Der Zugvogel singt oft in Baumwipfeln oder am Boden. (Pieper laufen stets, sie bewegen sich nie hüpfend.)

Breite dunkle Striemen an den Flanken

WIESENPIEPER
14–15 cm 🔊 53

Im Frühling kann man den kleinen, gestriemten Vogel während seines herabgleitenden Singflugs beobachten, bei dem er seinen trillernden Gesang ertönen lässt.

Männchen mit schwarzer Wange, Weibchen brauner

STEINSCHMÄTZER
14–15 cm

Bodenlebender Vogel, im Sommer in steinigem Grasland zu finden. Seine Brust ist blassorange, sein Bauch weiß.

Braun gestrichelt mit leuchtend gelbem Kopf und Bauch

GOLDAMMER
16–16,5 cm 🔊 98

Männchen viel gelber als das Weibchen. Unverwechselbar ist der Gesang (»wie, wie wie hab ich dich lieb«).

Rote Kappe, schwarzer Bartstreif (beim Männchen mit rotem Zentrum)

GRÜNSPECHT
30–36 cm 🔊 47

Großer olivgrüner Specht, oft bei der Nahrungssuche am Boden zu beobachten. Fliegt bei Störung in einen Baum. Sein Ruf klingt wie lautes Lachen.

Dunkle Brust, darunter hellerer Bereich

MÄUSEBUSSARD
45–58 cm

Großer Greifvogel mit breiten Flügeln und abgerundetem Schwanz. Beim Segeln hoch über der Heide erklingt sein miauendes »Hiääh«.

Gebirge und Moore

Moore beherbergen ebenso wie zerklüftete Gebirge eine ganz eigene Vogelwelt mit weniger Arten als in anderen Habitaten. Aber auch hier leben an die Gegebenheiten des rauen Terrains angepasste Spezialisten.

Raue, aber schöne Lebensräume

An Gebirgsvorläufern und niedrigen Bergflanken erstrecken sich häufig Moore. Mit zunehmender Höhe geht die Landschaft dann oberhalb der Baumgrenze immer mehr in Felsgebiete und hoch aufragende Berggipfel über. Vögel sind hier generell weniger arten- und individuenreich vertreten und an den felsigen Gipfeln und Klippen leben andere Vögel als auf den weiten, abgerundeten Bergrücken. In Mooren gibt es ausgedehnte Flächen mit derben Gräsern, häufig durchzogen von nassen, morastigen Senken und vereinzelten Weißdornsträuchern oder großen Beständen an Zwergsträuchern. Hier kann man Sumpfohreulen und Kornweihen bei der Jagd beobachten. Die allgegenwärtigen Wiesenpieper locken wiederum Kuckucke an. Als Brutparasiten legen Letztere ihre Eier in die Nester der Pieper und überlassen diesen die mühevolle Aufzucht des Kuckucksükens. In tief eingeschnittenen Tälern und an Felshängen kommen manchmal Ringdrosseln vor, an Flecken mit weichem Gras Steinschmätzer. Zwischen Farnen und Heide kann man Braunkehlchen entdecken, am Übergang von Moor zum Wald eher Gartenrotschwänze.

Im Hochgebirge muss man stets dem Wetter und Gelände entsprechend ausgerüstet sein. Hier kann man nach Kolkraben Ausschau halten, und falls es in dem Gebiet Steinadler gibt, den Himmel nach ihnen absuchen. In der Nähe fliegende große Greifvögel sind wahrscheinlich eher Bussarde, ein weit entfernter Punkt könnte aber ein Steinadler sein!

In großer Höhe
Im Frühjahr kann man auf Felsvorsprüngen oder in hohen Bäumen die Nester von Kolkraben entdecken. Die großen Raben verhalten sich wie Greifvögel.

Am Boden
Vom seltenen Mornellregenpfeifer gibt es nur noch Reliktvorkommen auf gras- und moosbedeckten Bergkämmen der österreichischen Alpen.

Zwischen Felsen
Das Alpenschneehuhn lebt auch auf den höchsten Gipfeln. Es hat weiße Flügel, im Winter färbt sich sein Gefieder fast komplett weiß.

Spitzenräuber
Das Gebirge ist Revier des Steinadlers. Diesen gefürchteten Jäger am Himmel kreisen zu sehen ist unglaublich eindrucksvoll.

Vögel der Gebirge und Moore

Im Winter herrschen im Gebirge harsche Bedingungen, im Frühling zeigt sich mehr Leben, sobald die Vögel zu brüten beginnen. Nur wenige Arten sind gänzlich auf Gebirge oder Moore beschränkt.

STEINADLER
66–100 cm

Großer Adler mit langem Schwanz, die breiten Flügel sind im Segelflug aufwärts gebogen. Der majestätische Greifvogel kommt oft in großen Höhen im Gebirge vor und jagt auch häufig auf offenen Flächen.

GOLDREGENPFEIFER
26–29 cm 25

Von diesem mittelgroßen Regenpfeifer gibt es in Deutschland nur noch wenige Brutpaare in einem Moorgebiet in Niedersachsen.

MERLIN
24–33 cm

Der kleine, dynamische Falke ist in Mitteleuropa nur Durchzügler und segelt oft in Aufwinden über Hänge, Schluchten und Moore.

KORNWEIHE
41–52 cm

Großer, schlanker Greifvogel mit langen Flügeln und langem Schwanz. Gleitet im Tiefflug über offenes Gelände. Mit etwas Glück kann man die akrobatischen Balzflüge der Männchen beobachten.

RINGDROSSEL
24–27 cm

Ähnlich einer Amsel mit helleren Flügeln und weißem Brustband. Brütet in Gebirgsschluchten und hoch gelegenen Mooren.

MORNELLREGENPFEIFER
20–22 cm

Dieser mittelgroße Regenpfeifer ist an dem markanten Überaugenstreif zu erkennen. Brütet noch in wenigen Paaren auf Felsplateaus in den österreichischen Alpen.

NEBELKRÄHE
48–52 cm

Rabenvogel mit grauem Körper; Kopf, Flügel und Schwanz sind schwarz. Nur in Ostdeutschland zu finden. Bastardisierung mit der Aaskrähe möglich.

Bei einer Gebirgstour im Frühling kann man in der Felslandschaft dem Gesang der Brutvögel lauschen.

KOLKRABE
63–68 cm 🔊 89

Sein lautes Krächzen verrät die Anwesenheit dieses stattlichen, gänzlich schwarzen Rabenvogels. Der Aasfresser brütet an Felsen und in hohen Bäumen.

SUMPFOHREULE
35–43 cm

Große, helle Eule mit langen Flügeln. Jagt ungewöhnlicherweise tagsüber. Fliegt auf der Suche nach Wühlmäusen niedrig über Moor- und Sumpfgebiete.

KRANICH
110–130 cm

Der Bewohner von Sumpf- und Moorlandschaften trägt ein schiefergraues Gefieder, Kopf und Hals sind schwarz mit weißem Nackenstreifen und roter Scheitelplatte. Besonders spektakulär zu beobachten sind seine Balztänze.

BIRKHUHN
45–60 cm

Großer Vogel der Moorgebiete. Bei der Balz im Frühjahr präsentieren die Männchen ihren leierförmigen Schwanz. Der Schwanz der Weibchen ist eingekerbt.

ALPENSCHNEEHUHN
30–34 cm

Lebt als Gebirgsspezialist in felsigem Gelände in großen Höhen. Auffällig ist der leuchtend rote nackte Fleck über dem Auge. Ansonsten ist es in seinem Lebensraum perfekt getarnt, im Winterkleid weiß.

Glossar

adult Bezeichnet ein erwachsenes, fortpflanzungsfähiges Tier, etwa einen Vogel im Erwachsenengefieder.

Arenabalz Die an einem speziellen Sammelplatz (Balzarena oder »Lek«) erfolgende gemeinsame Balz (auch mit Rivalenkämpfen) mehrerer Männchen, um vor der Paarung die Weibchen zu beeindrucken.

Armschwingen Reihe langer, steifer, an der Elle wachsender Federn am unteren Rand des Innenflügels.

Art Gruppe von Lebewesen, deren Individuen sich miteinander fortpflanzen und fruchtbare Nachkommen hervorbringen können; mit Individuen anderer Arten ist eine Kreuzung normalerweise nicht möglich.

Augenring Farbiger Ring um das Auge.

Augenstreif Farbiger Streifen, der von vorne nach hinten durch das Auge verläuft.

Außenflügel Äußere Hälfte des ausgebreiteten Flügels mit den Handschwingen und deren Deckfedern.

Balz Ritualisiertes Verhalten zur Brautwerbung.

Bartstreif Von der Schnabelbasis seitlich an der Kehle verlaufender farbiger Streifen.

Brut Alle Jungvögel, die aus einem Gelege schlüpfen.

Brüten Das Wärmen der Eier, bis zum Schlüpfen.

Brutkleid Das Prachtgefieder von Vogelmännchen zur Balz und Paarungszeit.

Deckfedern Kleine Federn, welche in einem klar umrissenen Bereich die Federn am Flügel oder an der Schwanzbasis bedecken.

Federohren Federbüschel am Kopf von Eulen, können als visuelles Signal aufgestellt werden.

Flügelbinde Farbiges Band auf den Deckfedern angelegter (wie beim Buchfink) oder ausgestreckter Flügel (wie bei der Reiherente).

flügge Bezeichnung für voll befiederte, flugfähige Jungvögel, die das Nest verlassen.

Gänsevögel Überbegriff für Vögel wie Enten, Gänse und Schwäne.

gebändert Mit quer über Körper, Flügel oder Schwanz verlaufenden Bändern.

Gefiederpflege Das Putzen, Glätten und Einfetten der Federn mit Bürzeldrüsensekret.

Gelege In ein einzelnes Nest gelegte, gemeinsam bebrütete Eier.

Gesang Artspezifische Abfolge von Lautäußerungen; wird zum Anlocken von Weibchen oder zur Revierabgrenzung gegen Rivalen vorgetragen.

gesprenkelt Gefieder mit kleinen Farbflecken.

gestrichelt Mit längs verlaufenden Farbstreifen.

Greifvogel Räuberischer Vogel mit ausgezeichnetem Sehvermögen, kräftigen Beinen, scharfem Schnabel und Krallen.

Gründeln Form der Nahrungssuche bei »Gründelenten« mit eingetauchtem Kopf und Vorderkörper.

Handschwingen Die größeren äußeren Schwungfedern an den Fingerknochen der Flügel.

Hinterflügel Hinterer Teil des Flügels mit inneren Handschwingen und Armschwingen.

immatur Bezeichnung für noch nicht brutbereite Vögel im Jugendkleid.

Innenflügel Innere Hälfte des Flügels mit den Armschwingen und deren Deckfedern.

juvenil Vogel im Jugendkleid vor der ersten Mauser.

Kolonie Zusammen im gleichen Gebiet brütende Gruppe von Artgenossen.

Mauser Das regelmäßige, artspezifisch verlaufende Wechseln des Gefieders: Alte Federn fallen aus und werden durch neue ersetzt.

Morgenkonzert Die kurzzeitige Konzentration von Vogelgesängen in der Morgendämmerung, vor allem im Frühling.

Nestflüchter Beim Schlüpfen schon weit entwickelte Jungvögel, die schon bald das Nest verlassen können.

Nesthocker Jungvogel, der nach dem Schlüpfen hilflos und auf seine Eltern angewiesen ist.

Revier Auch Territorium; ein Brut- oder Nahrungsgebiet, das von einem Paar oder Individuum gegen Artgenossen verteidigt wird.

Ruf Lautäußerung, die verschiedene, oft artspezifische Botschaften vermittelt.

Schirmfedern Kleine Gruppe von Federn an der Flügelbasis, an die innersten Armschwingen anschließend.

Schlafplatz Ort, an dem sich Vögel zum Schlafen versammeln, oft in riesigen Schwärmen.

Schlichtkleid Auch Ruhekleid; Sommergefieder männlicher Enten und einiger anderer Arten, durch das sie bei der Mauser besser getarnt sind.

Schnurren Wiederholter, trillernder Laut, wie ihn Ziegenmelker in der Dämmerung produzieren.

Schulterfedern In einem mehr oder weniger ovalen Bereich an der Schulter wachsende Federn.

Schwanzdecken Deckfedern, die oberseits und unterseits die Basis des Schwanzes bedecken.

Schwungfedern Zusammenfassende Bezeichnung für die großen Flügelfedern (Hand- und Armschwingen).

Singflug Besondere, arttypische Form des Schauflugs mit Gesang. Oft kurz (bei Laubsängern), bisweilen auch länger (wie bei Lerchen).

Stoßtauchen Form des Fischfangs, bei dem sich der Vogel aus der Luft ins Wasser stürzt.

Tarsus Auch Tarsometatarsus; der längste, offensichtlichste Beinknochen von Vögeln, verbindet die »Zehen« über das Intertarsalgelenk (nach hinten weisendes »Knie«) mit dem Unterschenkel.

Tauchenten Bezeichnung für Enten, die zur Nahrungssuche ganz unter Wasser tauchen.

Trommeln Mechanische Geräusche, die Spechte durch Klopfen mit dem Schnabel gegen einen Ast oder Stamm erzeugen.

Überaugenstreif Farbig abgesetzter Streifen im Gefieder über den Augen.

Unterart Eine auf ein bestimmtes Gebiet begrenzte Gruppe innerhalb einer Art, die sich in mehr oder weniger Merkmalen von anderen unterscheidet.

verwildert Wild lebende, aber von Hausformen abstammende Individuen.

Vorderflügel Der vordere Teil des Flügels mit äußeren Handschwingen sowie den Deckfedern von Hand- und Armschwingen.

Wasservögel Oberbegriff für Vögel, die am Wasser leben, wie Gänse und Enten, Rallen, Watvögel und Lappentaucher; keine Verwandtschaftsgruppe.

Watvogel Ein Vogel oder eine Vogelart einer Verwandtschaftsgruppe, zu der Regenpfeifer und Wasserläufer gehören; waten zum Teil im Wasser.

Zugvögel Arten, die Teile des Jahres in verschiedenen geografischen Regionen verbringen und zwischen diesen ziehen.

Nächste Schritte

NÜTZLICHE WEBSEITEN

Auf den folgenden Webseiten findet ihr weitere Informationen über Vogelbeobachtung, besuchenswerte Orte, Vereinigungen, denen man sich anschließen kann, und vieles mehr.

BirdLife International Globaler Zusammenschluss von nicht staatlichen Organisationen zur Erhaltung von Vögeln und ihren Lebensräumen. Webseite mit unzähligen Informationen über die Verbreitung und Bestände von Arten. Deutsche Partnerorganisation ist der NABU (s. u.). *www.birdlife.org*

Naturschutzbund Deutschland (NABU) Partnerorganisation von BirdLife International für Deutschland. Ehemals »Bund für Vogelschutz«. Führt Aktionen zur Vogelbeobachtung durch wie »Stunde der Gartenvögel« und »Stunde der Wintervögel«. Mit zahlreichen Ortsgruppen, denen man sich anschließen kann. Auf der Webseite u. a. der Podcast »Reingezwitschert«. *www.nabu.de*

BirdLife Österreich Partnerorganisation von BirdLife International für Österreich. Ehemals »Österreichische Gesellschaft für Vogelkunde«. Auf der Webseite u. a. der Podcast »BirdLife Gezwitscher« zum Erlernen von Vogelstimmen. *www.birdlife.at*

BirdLife Schweiz Partnerorganisation von BirdLife International für die Schweiz. Ehemals »Schweizer Vogelschutz, SVS«. *www.birdlife.ch*

Landesbund für Vogel- und Naturschutz in Bayern (LBV) Partnerverband des NABU (s. o.). Unterhält zahlreiche Ortsgruppen. *www.lbv.de*

Dachverband Deutscher Avivaunisten (DDA) Gemeinnütziger Zusammenschluss aller landesweiten und regionalen ornithologischen Verbände in Deutschland. Schwerpunkt ist die bundesweite Erfassung von Vogelarten. *www.dda-web.de*

Ornitho.de Meldeportal für Vogelbeobachtungen in Deutschland. *www.ornitho.de*

Naturgucker.de Internetplattform zur Vernetzung von Naturbeobachtungen. *www.naturgucker.de*

Birdingplaces Online-Führer zu Vogelbeobachtungsgebieten. *www.birdingplaces.eu/de*

Fatbirder Informationen zur Vogelbeobachtung in aller Welt. *www.fatbirder.com*

NÜTZLICHE LITERATUR

Einige weitere interessante und hilfreiche Bücher.

Jonathan Elphick und John Woodward: Vögel. 300 Arten entdecken & bestimmen

Rob Hume: Vögel in Europa

Vögel. Die große Bild-Enzyklopädie

Dan Rouse: So locke ich Vögel in meinen Garten

Mark Ward: Gartenvögel beobachten und bestimmen

NÜTZLICHE APPS

Dies sind nur einige der zahlreichen verfügbaren zur Bestimmung von Vögeln anhand von Bildern oder Vogelstimmen. Viele davon sind kostenlos.

NABU Vogelwelt
Die Vogel-App!
Vögel Europas bestimmen (Kosmos)
Merlin Bird ID
Naturblick
Vogelstimmen ID (Sunbird)
BirdNET
ChirpOMatic
BirdID
iBird Pro
eBird
Seek
iNaturalist

Register

Fett gedruckte Seitenzahlen verweisen auf Haupteinträge

A
Aasfresser 151
Abstandhalten 43
Action-Fotos 33
Adler 58, 62
  Stein- 148, 149, **150**
Alarmrufe 42, 70
Alken 112
Ameisen 56
Ameisensäure 56
Ammer 53, 81, 137
  Gold- 144, 147
  Grau- **138**, 144
  Rohr- **126**, **131**
Amsel 53, 73, 89, 93, 101, **102**, 140
Anatomie *siehe* Körperbau
Anpassungen, Ernährung 80
Apps 34, 36, 38, 72, 73
Arenabalz 74, 75, 152
Ästuare *siehe* Flussmündungen
Audio-Zubehör 34
Auftrieb 47
Augen **60**, 83
Ausrüstung 11
  Fernglas **16–23**
  fotografische **28–33**
  Kleidung **12–13**
  Spektiv **24–27**
Austernfischer 66, 80, 117, **123**

B
Baden 56, 89, 94, 95
Balkone *siehe* Gärten und Balkone
Balz **74–75**
  Gesang 70, 75
  Zurschaustellung 74–75, 133
Basstölpel 58, 112, **115**
Baumhöhlen 84
Baumläufer 64, 84, **143**
Beeren 61, 89, 93, 101
Beinfarbe 45
Bekassine 61, 69, **131**
Beobachtungsgabe **38–39**
Beobachtungshütten 14–15, 135
  mit Kameraausrüstung 29
Bestimmung von Vögeln
  lernen **44–45**
  nach der Form 63
  nach Lebensraum 44, **99**
  nach Verhalten 44, 45
  nach Vogelstimmen 44, 45
  mittels Internet 34, 35
Bestimmungsbücher 36, 38
Birder, Gemeinschaft 37
Birkhuhn 75, **151**
Blesshuhn 76, 105, **106**
Blumenkästen 93
Blüten 88, 93, 101
Bodenbrüter
  Nester 76, 81
  Rückgang 137
  Störung 42
  Tarnung 53
Borstenfedern 48, 59, 61
Brachvogel
  Großer 59, **123**, 137
  Regen- **123**
Braunkehlchen 144, **146**
Bridge-Kamera 29
Brille, Anpassung von Ferngläsern an 21
Brut **78**
Brüten
  und Ernährung 90
  und Gefieder 50, 51, 52, 53
  und Lebensraum 99
  Strategien 78
Brutparasiten 148
Bürzeldrüsensekret 56
Bussard (Mäuse-) 49, 62, 63, 76, 140, 144, **147**, 148

D
Dachkantprismenglas 16
Dachsimse 102, 110, 111
Deckfedern 48, 152
Digiskopie 29
Dohle 64, **111**
Dompfaff *siehe* Gimpel
Drossel
  Mistel- 109, **146**
  Ring- 148, **150**
  Rot- 101
  Sing- 73, 78, 80, **103**, 140
  Wacholder- 137, **139**
Dunengefieder 48, 85
Dünen 117

E
E-Tools 34
Efeu 92, 93, 101
Eichelhäher 46–47, 49, 80, 105, **142**
Eier
  Gelege **78**
  Nester 76
  Schalenfragmente 85
Einfetten des Gefieders 152
Eissturmvogel 112, **114**
Eisvogel 48, 56, 81, 84, 124, 125, **126**
elektronischer Führer (e-Guide) 34, 36
Elster 49, 76, **111**
Ente 56, 59, 117, 132
  Eider- 64, 117, **119**
  Eis- 117, **119**
  Krick- 50–51, **134**
  Löffel- 133, **134**
  Pfeif- **122**, 132
  Reiher- **107**, **134**
  Schell- 74–75, **134**
  Schnatter- **134**
  Spieß- **122**
  Stock- 49, 53, 105, **107**, **127**
  Tafel- **134**
  Trauer- 117, **119**
Erdhöhlen 112
Ernährung
  beim Vogelzug 83
  Futterruf 70
  in Schwärmen 64
  Nahrungssuche **80–81**
  Nahrungsvorräte 80, 84
  und Brutstrategie 78
  unverdaute Nahrung 84
  vogelfreundliche Orte schaffen 88, **90–91**
  von Küken 79
Eule 59, 60, 62, 81
  Gewölle 84
  Schleier- 60, **130**, 137, **139**
  Sumpfohr- 78, 148, **151**
  Waldohr- 49

F
Fadenfedern 48
Falke 59, 62, 63, 65, 76
  Baum- 46, 61, **135**, 144
  Turm- 81, 108, **111**, 144
  Wander- 112, **115**
Färbung und Muster **50–51**
  Federn 48
  Vogelbestimmung 45, 63
Fasan 49, 62, 137, **139**
Federn (Gefieder) 46–49
  als Hinweis auf Aktivität 85
  Baden 94

Färbung und Muster 48, 50–51
Gefiederpflege **56–57**
Küken 78
Prachtkleid 74
wechselndes Aussehen **52–55**
Felder, Wiesen und Hecken 81, **136–139**
Fensteraufkleber 85
Fernauslöser 30
Ferngläser **16–17**
Auswahl **18–19**
Geländeeinsatz **22–23**
Handhabung **20–21**
Feuchtgebiete, Süßwasser **128–131**, 132–133
Filtrieren von Nahrung 58
Fink 53, 59, 62, 81, 93, 101, 137
Berg- 140
Buch- 53, 62, 70, **103**, 105
Grün- 49, 93, **103**
Fischadler 83, 133, **135**
Fitis 83, 144, **146**
Fließgewässer **124–127**
Flug 46
Bestimmung im **62–63**
Flügelform im **58**
Muster **62**
räumliches Bewusstsein 61
Flügel
als Bestimmungshilfe 44
Federn 47, 48, 49
Form **58**, 63
Schlagen 69, 75
Flüggewerden 78, 101
Flüsse *siehe* Fließgewässer
Flussmündungen 72, **120–123**
Flussuferläufer 82, 124, **127**, 133
Fokussierring 20, 21, 26
Formationsflug 129
Fotografieren **28–33**
Ausrüstung **28–29**
Organisation und Datensicherung 33
von Vögeln **30–33**
Füße, Form und Funktion **59**
Futterstellen 11, 22, 88, **90–91**

G
Gans 62, 120, 137
Bless- **122**
Brand- **119**
Grau- **139**
Kanada- 104, **107**
Kurzschnabel- 120, **122**
Ringel- 72, 83, 120, **122**
Weißwangen- **122**
Gärten und Balkone **100–103**
Auswahl der Pflanzen **92–93**
Futterstellen und Nistkästen **90–91**
vogelfreundliche 88–89
Wasserstellen **94–95**
Gebirge und Moore **148–151**
Gebirgsbäche 124
Gebüsche *siehe* Heide, Magerrasen und Gebüsche
Gedächtnistraining 38, 39, 72
Gefieder *siehe* Federn
Gefiederpflege 89
Gehör **60**
Geißblatt 93
Gelege **78**
geografische Lage 44
Geruchssinn **61**
Gesänge und Rufe 60, **68–73**
Balzgesang 75
erlernen **72–73**
regionale Dialekte 75
Geschmackssinn **61**
Gewölle 84
Gezeiten 66, 67, 99, 117, 120
Gimpel 62, **138**, 144
Gleitflug 58, 62
Goldhähnchen
Sommer- **143**
Winter- 45, 70, **106**, 140
GPS-Daten 29, 36
Grasmücke
Dorn- 145, **146**
Garten- **142**
Klapper- 145, **146**
Mönchs- 101, 105, **106**
Greifvögel 58, 59, 63, 84, 129, 145, 148
Grünschenkel **123**, 133
Gryllteiste **114**

H
Habicht 76, 140, **142**
Hänfling, Blut- 62, 81, **110**
Handschuhe 12
Haustiere 89, 90
Hecken 76, 81, 89, 92, 93, 101, 137
siehe auch Felder, Wiesen und Hecken
Heckenbraunelle 101, **103**, 144
Heide, Magerrasen und Gebüsche **144–147**
Höhlenbrüter 76, 78
Hörvermögen 34, 38, 43, 69, 72

I
Imponierverhalten 75
Informationen teilen 67
innere Uhr 83
Insekten, Anlocken von 89, 93, 94
Insektenvernichtungsmittel (Insektizide) 89
intensive Landwirtschaft 81
Internet, als Hilfsmittel **34–37**, 72

J
Jahreszeiten
und Bestimmung 44, 99
und Gefieder 50, 51, 52, 53
Jungvögel
am Schlafplatz 67
Aufzucht 78–79
Futterbetteln 70
Gefährdung 42
Gefieder 50, 51, 52, **54–55**, 56
Vogelzug 64

K
Kameras 15, **28–29**
Kampfläufer **131**
Katzen 89
Kauz
Stein- 137, **139**
Wald- 67, 78, 141, **142**
Keratin 46
Kiebitz 75, 81, 120, 137, **138**
Kiesdämme 120
Kiesgruben *siehe* Seen, Stauseen und Kiesgruben
Kleiber 69, 80, 84, 140, **143**
Kleidung 12
Klettern 59
Kletterpflanzen 93
Klimawandel 80
Klippen *siehe* Felsküsten, Klippen und offenes Meer
Knochen, hohle 46
Knutt 61, 120, **123**
Kolonien 64, 76, 112, 113
Kommunikation **70**
Kontaktrufe 70
Konturfedern 48, 49
Kopfbedeckungen 12
Kopfzeichnung als Bestimmungsmerkmal 44
Kormoran 63, 64, **127**, 132, **135**
Körperbau **46–49**
Kot 84
Krallen 59
Kranich **151**
Krankheiten 90
Kreuzschnabel (Fichten-) 69, 80, 85, 140, **143**
Krähe 58, 144
Aas- 64, **111**
Nebel- **151**
Saat- 63, 64, 67, 76, 108, **138**
Krähenscharbe 64, 112, **115**
Kuckuck 64, 72, 83, 137, 144, **147**, 148

L
Landwirtschaftsmethoden 81, 137
Laubbäume 140

Laubsänger 128
Wald- 140, **142**
siehe auch Fitis
Lebensräume
Erkundung **99**
Felder, Wiesen und Hecken **136–139**
Felsküsten, Klippen und offenes Meer **112–115**
Feuchtgebiete, Süßwasser **128–131**
Fließgewässer **124–127**
Flussmündungen **120–123**
Gärten und Balkone **100–103**
Gebirge und Moore **148–151**
Heide, Magerrasen und Gebüsche **144–145**
Parks und Parkteiche **104–107**
Rückgang 80, 81, 91
Sandstrände **116–119**
Seen, Stauseen und Kiesgruben **132–135**
Städte und Ödland **108–111**
Störung 42
und Vogelbestimmung 44, **99**
unverschmutzte 81
Wälder und Gehölze **140–143**
Lerche 81
Feld- 70, 75, 99, 136, 137, 144, 145, **146**
Heide- 144, **146**
Ohren- **119**
Lichtstärke 18
Luftwiderstand 46

M
Magerrasen *siehe* Heide, Magerrasen und Gebüsche
Magnetfelder 83
Männchen, Rivalenabwehr 74
Mauersegler 46, 58, 61, 63, 83, 101, **110**
Mauser 52, 53, 54, 55, 56, 85
Mäusebussard *siehe* Bussard
Meerenten 117
Meerestemperatur, Anstieg 81
Meise 62, 64, 78, 93, 101
Bart- 99, 129, **131**
Blau- 45, 59, 62, 74, 76, 79, **102**, 128, 140
Kohl- 32, 69, 73, 76, **102**, 140
Schwanz- 63, 76, 77, **102**, 140
Sumpf- **143**
Tannen- 140
Weiden- 143
Merlin **150**
Metadaten 36
Mikrofon, aufsteckbares 34
Milan 76
Rot- 49, 63, 137, **139**, 144
Moore *siehe* Gebirge und Moore
Morgenkonzert 101
Möwe 52, 62, 63, 81, 105, 108, 112, 133, 137
Dreizehen- 81, 112, **114**
Herings- **111**
Jugendkleid 49, 54–55
Lach- **107**, 117, 120
Mantel- 80, **119**
Silber- 49, 54–55, 80, **111**
Sturm- **139**
Muster **50–51**

N
Nachtigall 140, 144
Nadelbäume 140
Nahfotografie 33
Nahrungssuche 80, 81
Nahrungsvorräte 80, 84
Navigation 83
Nektar 93
Nestbaumaterialien 93
Nester u. Nistplätze **76–77**, 84
Nestflüchter 78
Nesthocker 78
Neuntöter **139**
Nistkästen 89, **90–91**, 101
Notizbücher 36, 38, 39
Notizen machen 36

O
Objektive 16, 24
Zoom- 29
ökologische Landwirtschaft 81
Okular-Einstellung 20
optische Zurschaustellung **74–75**

P
Paarbindung
dauerhafte 50
Festigung 74, 75
Papageitaucher 112, **115**
Parasiten 56, 57
Parks und Parkteiche 43, **104–107**
Partnerfindung **74–75**
Pflanzen, Auswahl 88, **92–93**
Pieper
Baum- 144, **147**
Strand- **114**
Wiesen- 75, 144, 145, **147**, 148
Porroferglas 16
Prismen 16, 18

R
Rabe, Kolk- 49, 76, 148, **151**
Ralle, Wasser- 128, **131**
Rasen 93, 101
Räuber 85, 90, 140
räumliches Bewusstsein **61**
Raupen 93
Rebhuhn 72, 137, **139**, 144
Regenpfeifer
Fluss- **135**
Gold- **150**
Mornell- 50, 148, **151**
Sand- 76, 117, **119**, 120, 133
Regenwasser 94
Reiher 62, 63, 81, 84
Grau- 124, **126**, **130**
Seiden- 59, 124, **126**
Revier 51, 64
und Gesang 70
Rohrdommel 70, 128, 129, **130**
Rohrsänger
Schilf- **126**
Teich- **131**
rollstuhlgerechter Zugang 15
Rotkehlchen 51, 73, 75, 76, 78, 93, 100, 101, **103**, 140
Rotschenkel 120, **123**, 137
Rotschwanz
Garten- 140, **142**, 148
Haus- 108
Rufe 60, **68–73**
Paarungs- **75**

S
Säbelschnäbler **118**, 120
Säger
Gänse- 80, 81, 124, **127**
Mittel- **119**
Zwerg- **134**
Sämereien 89, 90, 93
Salzwiesen 120
Samenstände 93
Sandbänke 120
Sanderling 117, **118**, 133
Sandstrände **116–119**
Schärfentiefe 30, 33
Schilfröhricht 43, 99, **128–129**
Schlaf **67**
Schlafplätze **66–67**, 116
Schlüpfen 78
Schneehuhn
Alpen- 51, 52, 148, **151**
Schnepfe 46, 63
Pfuhl- 63, **118**
Ufer- 121, **123**
Wald- **143**
Zwerg- **131**
Schnäbel
als Bestimmungshilfe 44
evolutive Anpassungen 80
Farbwechsel 53
magnetisches Mineral 83
und Ernährung **58–59**, 63
Schnäpper 59
Trauer- 140, **143**
Schreiten 59
Schuhwerk 12
Schutz im Schwarm 64, 65

Schwalbe 46, 61, 62, 81, 82
Mehl- 76, 94, 101, **102**, **110**
Rauch- 83, **102**, **110**
Ufer- 84, **126**, **135**
Schwanz
als Bestimmungshilfe 44
Federn 48, 49
Formen 63
Schwan
Höcker- 50, 69, 78, **106**
Sing- 69, **130**
Zwerg- 69, 83, **130**
Schwärme 61, 62, **64–65**, 67
am Schlafplatz 117, 120
zur Nahrungssuche 80, 81
Schwarzkehlchen 144, 145, **146**
Schwimmhäute 59
Seeadler **123**
Seen
siehe Seen, Stauseen und Kiesgruben **132–135**
siehe auch Parks und Parkteiche
Seeschwalbe 81, 120
Brand- 45, 117, **118**
Fluss- 45, 83, 117, **118**
Küsten- **114**
Trauer- **135**
Zwerg- 117, **118**
Seevögel
Eier 78
Kolonien 64, 112, 113
Überwinterung auf See 83
Segeln 58, 62, 63
Sehsinn **60**
Sensorstabilisierung 19
Sicherheit
am Schlafplatz 67
an Futterstellen 90
im Schwarm 64, 65
Sinne **60–61**
Sitzen 59
Skelett 46
Skizzen 39
Smartphones 28–29, 30
Apps und Zubehör 34
Gemeinschaft der Birder 37
Sonnenbaden 56
Spatz *siehe* Sperling
Specht 58, 59, 62, 64, 76, 84, 85, 105
Bunt- 30–31, 49, 69, 140, **142**
Grün- 61, 80, **147**
Spektive 15, 29
Auswahl **24–25**
Handhabung **26–27**
Zoom 24–26
Sperber 62, 140, **142**
Sperling 62, 81, 101, 105, 108, 137
Feld- 88
Haus- **103**
Star 53, 57, 60, 61, 67, 70, 73, 93, **103**, **107**, 128–129
Stative 15, 24, 25, 27, 29
Staubbad 56
Stauseen *siehe* Seen, Stauseen und Kiesgruben
Steinschmätzer **147**, 148
Steinwälzer 117, **119**
Stelze 59
Bach- 66, 76, 99, 105, **107**, 108, **110**
Gebirgs- 105, 124, **126**
Schaf- **131**
Stieglitz 64, 81, 108, **110**
Stoppelfelder 81
Strandläufer
Alpen- 116, 117, **123**, 133
Meer- 112, **114**
Sträucher 89, 93, 101
Strukturfarben 48
Sturmtaucher, 62
Atlantik- 112, **115**
Süßwasser-Feuchtgebiete **128–131**

T

Tarnung 12, 50, 51, 52, 53, 64, 77, 78
Tastsinn **61**
Taube 69, 85, 108
Felsen- 108, **110**
Hohl- 49, 62, 69, **138**
Ringel- 49, 62, 69, **103**, **138**
Stadt- **138**
Türken- 69, **103**, **107**
Turtel- **138**, 144
Tauchen 75
Taucher 76, 81
Hauben- 75, 124, 132–133, **134**
Stern- **118**
Zwerg- 124, **127**
Teiche 89, 94, 95
Teichhuhn **107**, **130**
Tordalk 112, **114**
Trillern 71, 72
Trommeln 69, 153
Trottellumme 76, 112, **114**

U

Umweltverschmutzung 81
Unkrautvernichtungsmittel (Pestizide) 81, 89
Urin 84

V

Vergrößerung 19, 24, 26
Verhaltensregeln
für Vogelbeobachter 42–43, 99
in der Natur 42, 99
Verwacklung 19, 23, 24, 29
Vogelbad 89, 94
Vogelbestimmung *siehe* Bestimmung
vogelfreundliche Umgebung **88–89**
Vogelgrippe 90
Vogelstimmen **68–73**
Artbestimmung nach 44, 45
und Balz 74, 75
und Hörvermögen **60**
Vogelzählung 37
Vogelzug **82–83**
Gartenvögel 101
Gesänge und Rufe 70
Nahrung 80, 90
Schwärme 64

W

Wälder und Gehölze 43, **140–143**
Wärmen am Schlafplatz 66, 67
Warnfärbung 51
Warnrufe 70
Wasseramsel 124
Wasserläufer
Dunkel- **123**
Wald- 133, **135**
Wasserstellen 88, 89, **94–95**
Wasservögel 62, 64, 120, 127, 131, 132
Watt 120
Watvögel 53, 59, 66, 83, 120–123, 132, 133
Webseiten 34
Weibchen
Anlocken von 74–75
Gefieder 50
Weihe
Korn- 144–145, 148, **150**
Rohr- 129, **130**
Weißstorch **139**
Wellenflug 62
Wiesen *siehe* Felder, Wiesen und Hecken
Wildblumen 93

Z

Zaunkönig 51, 64, 71, 92, **103**, 128, 144
Zehen, Form und Funktion **59**
Zeisig
Birken- 144, **147**
Erlen- 62, **143**
Ziegenmelker **146**
Zilpzalp 45, 105, **106**
Zoom
Bridge-Kameras 29
improvisiertes 28
Smartphones 29
Zurschaustellung **74–75**

Dank und Bildnachweis

Dank des Autors

Danke an das fabelhafte Team von DK für all die Geduld und akribische Arbeit, um dieses Buch so perfekt wie möglich zu machen. Stephanie Farrow hat bei der Redaktion Wunder vollbracht, Ali Scrivens und Clare Joyce sorgten für eine aussagekräftige Gestaltung, Rob Hume hat mit seiner enormen ornithologischen Fachkenntnis einen brillanten Text geschrieben, Angeles Gavira und Michael Duffy haben mit viel Geschick und Enthusiasmus das Projekt überwacht. Allen herzlichen Dank!

Dank des Verlags

DK dankt Clare Joyce für die Layout-Assistenz, Salima Hirani fürs Korrekturlesen und Helen Peters für das Register.

Bildnachweis

Der Verlag dankt für die freundliche Genehmigung zum Abdruck ihrer Fotos:

(Schlüssel: g-ganz; l-links; m-Mitte; o-oben; r-rechts; u-unten)

1 Getty Images: Johner Images Royalty-Free. **2 Dreamstime.com:** TUNATURA. **6–7 Getty Images:** Moment / Giacomo Augugliaro. **8 Getty Images / iStock:** kvasay. **10 Image Courtesy Flock Together**. **11 Getty Images:** Westend61 (mru). **12 Dreamstime.com:** Elena Goosen (ur). **12–13 ©SWAROVSKI OPTIK**. **14–15 Alamy Stock Photo:** Chris Deeney (go). **15 Alamy Stock Photo:** David Burton (mru). **17 Getty Images:** Education Images / Universal Images Group/David Tipling. **18 Alamy Stock Photo:** TravelMuse (mru). **19 Alamy Stock Photo:** ARV (mru); TravelMuse (gor); Chris Howarth / Iceland (ul). **21 Getty Images:** Moment / Nitat Termmee (gor). **22–23 Getty Images:** Mint Images - Oliver Edwards. **25 Getty Images / iStock:** E+ / CasarsaGuru (go); harmatoslabu (mlu). **26–27 Alamy Stock Photo:** Associated Press / David Duprey (u). **28 Getty Images:** Moment / Massimo Ravera (mro); Westend61 (u). **30 ©Chris Packham:** (mu, mru). **31 ©Chris Packham**. **32 ©Chris Packham:** (gol, gom, u). **33 Dreamstime.com:** Robert Adami (mlu); Toby Gibson (mro). **Shutterstock.com:** Ger Bosma Photos (gor). **35 Getty Images / iStock:** E+ / PamelaJoeMcFarlane. **36 Image Courtesy Flock Together:** (ur). **37 Getty Images / iStock:** E+ / StefaNikolic. **38 Getty Images:** Moment / Ingunn B. Haslekaas (mlu). **39 Dreamstime.com:** Yuri Arcurs (u). **40–41 Getty Images / iStock:** kvasay. **42–43 Dreamstime.com:** Eniko Balogh. **43 Dreamstime.com:** Sander Meertins (mlo). **Shutterstock.com:** Whytock (mro). **45 123RF.com:** Michael Lane (mu). **Dorling Kindersley:** Chris Gomersall Photography (gol); Mike Lane (gor); Roger Tidman (mru). **Dreamstime.com:** Isselee (mlu); Martin Pelanek (mr). **Shutterstock.com:** Ihor Hvozdetskyi (ml). **46 Alamy Stock Photo:** Steve Gschmeissner / Science Photo Library (mu). **46–47 Dreamstime.com:** Jmrocek. **47 Alamy Stock Photo:** Reto Fuerst (mru). **48 Alamy Stock Photo:** Juniors Bildarchiv / F282 (mru). **Getty Images / iStock:** E+ / Andyworks (ul). **Shutterstock.com:** anitapol (mo). **49 Alamy Stock Photo:** Christian Hütter (ml); Nature Photographers Ltd / PAUL R. STERRY (mlo/Schwanz Taube); imageBROKER / C. Hütter (mr); Philip Jones (mlu/Rotmilan); imageBROKER / Erhard Nerger (mru/Möwe); Naturepix (mlu). **Dreamstime.com:** Smileus (gol); Natallia Yaumenenka (gor). **Getty Images / iStock:** E+/ Gregory_DUBUS (u); Krzysztof12 (mu). **Shutterstock.com:** Gallinago_media (mlo, mro); Ludmila Kapustkina (mro/Flügel Krickente); Vishnevskiy Vasily (mru). **50–51 Alamy Stock Photo:** Arterra Picture Library / Clement Philippe. **51 Alamy Stock Photo:** Arterra Picture Library / Clement Philippe (gol). **Dreamstime.com:** Marilyn Barbone (gor). **52 Getty Images:** Moment / Javier Fernndez Snchez. **53 Alamy Stock Photo:** David Chapman (mro); Harvey Wood (gol); Robert Kennett (mru). **54 Alamy Stock Photo:** AGAMI Photo Agency / Ralph Martin (mu); Parmorama (mlo). **54–55 Alamy Stock Photo:** Nature Photographers Ltd / PAUL R. STERRY (u). **55 Alamy Stock Photo:** AGAMI Photo Agency / Ralph Martin (mu); Janice & Nolan Braud (gol); EB Photography (mo). **56 Dreamstime.com:** Dmitry Maslov (mru). **Getty Images:** imageBROKER / Luca Lorenz (mro). **57 Dreamstime.com:** Joe Comer. **58 Dreamstime.com:** Anagram1 (mr/Krähe); Tobie1953 (ml); Gallinagomedia (mr); Alexander Potapov (mu); Eng101 (mru). **Shutterstock.com:** Brenda Smith DVM (ml/Adler). **59 Alamy Stock Photo:** imageBROKER / Dave Pressland (mr). **Dorling Kindersley:** David Cottridge (m); Mark Hamblin (mru); Chris Gomersall (mru/Brachvogel). **Dreamstime.com:** Isselee (mlo, ml); Outdoorsman (mlu/Adler); Wildlife World (mlu). **Getty Images:** David Tipling / Education Images / Universal Images Group (mo). **60 Shutterstock.com:** scooperdigital. **61 Alamy Stock Photo:** Guy Bell (mru). **Dreamstime.com:** Asim Hazra (gor). **62 Dreamstime.com:** Mikelane45 (mru). **Shutterstock.com:** Ger Bosma Photos (mr); Traveller MG (mru/Sturmtaucher); Dusan Vainer (mru/Eule); hecke61 (ur). **63 Getty Images:** Moment / Christophe Lehenaff. **64 Dreamstime.com:** Rudmer Zwerver. **65 naturepl.com:** David Pattyn. **66 Alamy Stock Photo:** imageBROKER / David Tipling (gor). **Getty Images:** Stone / Mike Powles (ur). **67 Dreamstime.com:** Gabi Uhrova. **68 Depositphotos Inc:** laszlo111. **69 Alamy Stock Photo:** Arterra Picture Library / Arndt Sven-Erik. **70 Alamy Stock Photo:** Mats Janson (mu); Mike O'Carroll (mlu). **Shutterstock.com:** Catleesi (mru). **71 Getty Images:** Dario Pautasso / 500px. **72 Getty Images / iStock:** Andyworks / E+ (ul). **73 Dreamstime.com:** Jmrocek (ml); Urospoteko (m). **Shutterstock.com:** Mirko Graul (mr); MMCez (gom); Bachkova Natalia (gor). **74–75 Alamy Stock Photo:** Kit Day (u). **75 Alamy Stock Photo:** Mark Caunt (gor); Mike Read (gol); Jerome Murray - CC (gom). **76 Alamy Stock Photo:** Buschkind (mu); John Gilbey (mlu); Nature Picture Library / David Tipling (mru). **77 Alamy Stock Photo:** Delfino Dominique / Hemis.fr. **78 Shutterstock.com:** PJ photography. **79 Alamy Stock Photo:** imageBROKER.com GmbH & Co. KG / Rafael Ostgathe. **80 Alamy Stock Photo:** Richardom (mlu). **Shutterstock.com:** Mark Caunt (mru). **81 Alamy Stock Photo:** Otto Plantema / Buiten-beeld / Minden Pictures (gor). **Shutterstock.com:** Frank McClintock (u). **82 Alamy Stock Photo:** Scott Hurd. **84 Alamy Stock Photo:** blickwinkel / Hecker (mru); Richard Winn (mlu). **Dreamstime.com:** Xalanx (mu). **85 Alamy Stock Photo:** Jim Clark (mru); Realimage (go); Tommi Syvnper (mu). **Getty Images / iStock:** Heather Jon Photography (mlu). **86–87 Getty Images / iStock:** kvasay. **88–89 Dreamstime.com:** Natalia Bachkova (u). **89 Getty Images:** Moment / Jake Stephen (mru). **90 Alamy Stock Photo:** Marco McGinty (gol). **Dreamstime.com:** Le Thuy Do (gor). **91 Fotolia:** Thomas Dobner / Dual Aspect (gor). **Getty Images / iStock:** E+ / lleerogers (gom). **Shutterstock.com:** Simon J Beer (ur). **92 Alamy Stock Photo:** Arterra

Picture Library / De Meester Johan. **93 Getty Images / iStock:** CuorerouC (mru). **Getty Images:** Moment / Alan Tunnicliffe Photography (mlu); Moment / Sandra Standbridge (mu). **94 Alamy Stock Photo:** Arterra Picture Library / De Meester Johan (mru). **Dreamstime.com:** Anders93 (mlu). **95 Alamy Stock Photo:** Claude Balcaen / Biosphoto. **96–97 Getty Images / iStock:** kvasay. **98 Image Courtesy Flock Together:** Will Carr. **100 Alamy Stock Photo:** AGAMI Photo Agency / Wil Leurs. **101 Alamy Stock Photo:** Krys Bailey (mu). **Dreamstime.com:** Uschi Hering (mlu); Wirestock (mru). **102 Dorling Kindersley:** Chris Gomersall Photography (ul); Mike Lane (ml, ml/Amsel, mr); Roger Tidman (mru, mu). **Dreamstime.com:** Borislav Borisov / Filev (mlo); Isselee (mro). **Getty Images / iStock:** drakuliren (um). **103 Dorling Kindersley:** Mike Lane (gol); Roger Tidman (mlu, um). **Dreamstime.com:** Vasyl Helevachuk (mu); Wildlife World (mlo, mlo/Dompfaff-Männchen, mru); Isselee (mro, cr). **104 Getty Images:** Altaf Shah / 500px. **105 Getty Images / iStock:** dan_chippendale (mu); lougman (mru). **Getty Images:** Moment Open / Image by cuppyuppycake (mlu). **106 123RF.com:** Elena Duvernay (mro); Michael Lane (mru/ Wintergoldhähnchen). **Dorling Kindersley:** Roger Tidman (ml, mu). **Dreamstime.com:** Vasyl Helevachuk (mru); Wildlife World (mru/Mönchs-grasmücke). **107 Dorling Kindersley:** Chris Gomersall Photography (gol); Melvin Grey (gom); Neil Fletcher (ml); E. J. Peiker (mu); Mike Lane (mru); Tim Loseby (mlu); Roger Tidman (mlu/Taube). **Dreamstime.com:** Keithpritchard (um). **108 Alamy Stock Photo:** blickwinkel / König (mlu). **Dorling Kindersley:** Chris Gomersall Photography (mru). **Getty Images:** Moment / Charmian Perkins (mu). **109 Alamy Stock Photo:** Yorkshire Pics. **110 123RF.com:** Juan Carlos Martnez Salvadores (mlo). **Dorling Kindersley:** Chris Gomersall Photography; Tim Loseby (gol); Roger Wilmshurst (mo); Roger Tidman (mru, mr). **Dreamstime.com:** Gallinagomedia (mro); Keithpritchard (mo/Stelze). **Getty Images / iStock:** drakuliren (mu). **111 123RF.com:** Eric Isselee (ul). **Dorling Kindersley:** Chris Gomersall Photography (ml); Roger Wilmshurst (mlo, um). **Dreamstime.com:** Isselee (mro); Mikelane45 (mru). **112 Dreamstime.com:** Grahammoore999 (mu). **Shutterstock.com:** Ken Griffiths (mlu); Nigel Jarvis (mru). **113 Alamy Stock Photo:** blickwinkel / P. Frischknecht. **114 Dorling Kindersley:** Chris Gomersall Photography (gom, mo); Mike Lane (gor); Roger Wilmshurst (mu, ur); E. J. Peiker (mu/Dreizehenmöwe). **Dreamstime.com:** Natursports (mr). **Fotolia:** Chrispo (ul). **Getty Images:** Michael Nolan (gol). **115 Dorling Kindersley:** Chris Gomersall Photography (mlu); Roger Wilmshurst (mro); Roger Tidman (m). **Dreamstime.com:** Hakoar (ur); Jeremy Richards (mlo). **Getty Images / iStock:** Henk Bogaard (mu). **116 Getty Images:** Moment / Vicki Jauron, Babylon and Beyond Photography. **117 Alamy Stock Photo:** dpa picture alliance (mru). **Dreamstime.com:** Menno67 (mlu). **Shutterstock.com:** Pavlov Sergei888. **118 Alamy Stock Photo:** imageBROKER.com GmbH & Co. KG / Thomas Hinsche (ml); Rob Read (gol). **Dorling Kindersley:** Mark Hamblin (mlo, mr); Mike Lane (mo, mu); George McCarthy (mro); Roger Tidman (um). **119 Alamy Stock Photo:** blickwinkel / McPHOTO / NBT (mru); ephotocorp / Yogesh Bhandarkar (mu); Naturfoto-Online (mru/Eiderente). **Dorling Kindersley:** David Tipling, Windrush Photos (gol); Steve Young (gor, mro); Roger Tidman (mo); Mark Hamblin (mlo); George McCarthy (mlu); Mike Lane (mu/ Regenpfeifer). **120 Alamy Stock Photo:** blickwinkel / AGAMI / R. Martin (mlu). **Getty Images:** Moment / Foto Linda Lyon (mu). **Shutterstock.com:** Andi111 (mru). **121 Alamy Stock Photo:** Hira Punjabi. **122 Dorling Kindersley:** Mark Hamblin (mlo/ Spießente); Roger Tidman (mlo, ul, um); Windrush Photos / David Tipling (gom); Roger Wilmshurst; Mike Lane (mlu, mu). **122–123 Dreamstime.com:** Frank Fichtmüller (u). **123 Dorling Kindersley:** Chris Gomersall (gol, mlo); Mike Lane (gom, mr); Steve Young (gor, mu); George McCarthy (mo); Roger Tidman (ml, mlu). **Getty Images / iStock:** JMrocek (mugl). **124 Getty Images / iStock:** E+ / skynesher (mru). **Getty Images:** imageBROKER / Franz Christoph Robiller (mlu); Moment / Sandra Standbridge (mu). **125 Shutterstock.com:** Petr Simon. **126 Dorling Kindersley:** Chris Gomersall Photography (mlo); Roger Wilmshurst (gom); Mike Lane (gor, ul); George McCarthy (mro); David Cottridge (ml); Roger Tidman (ur). **Dreamstime.com:** Ondej Prosick (mu). **Getty Images / iStock:** Film Studio Aves (gol). **127 Dorling Kindersley:** Mark Hamblin (mlo); Mike Lane (mro); Windrush Photos / David Tipling (mru); Roger Tidman (mru/ Gänsesäger). **Dreamstime.com:** Isselee (mlu). **128–129 Alamy Stock Photo:** Mint Images Limited (u). **129 Alamy Stock Photo:** blickwinkel / W. Buchhorn / F. Hecker (gor); Klaus Steinkamp (gom). **Getty Images:** 500Px Plus / Claudio Cavalensi (gol). **130 Dorling Kindersley:** Chris Gomersall Photography (gol); Mark Hamblin (gor, mru); David Tipling (mlo); Roger Tidman (mro); E. J. Peiker (mru/ Teichhuhn). **Dreamstime.com:** Rudmer Zwerver (mlu). **131 Dorling Kindersley:** Chris Gomersall Photography (m, ul); Roger Tidman (mo, ur); Mike Lane (mro, mlu, um); Mark Hamblin (mr). **132–133 Alamy Stock Photo:** RooM the Agency / kristianbell (u). **133 Dreamstime.com:** Birdiegal717 (gor). **Getty Images / iStock:** Selim Kaya (gom). **Shutterstock.com:** LMIMAGES (gol). **134 Depositphotos Inc:** kwasny222 (mru/Krickente). **Dorling Kindersley:** Chris Gomersall Photography (mo, mlo/Ente); Roger Wilmshurst (gom, mlo/Löffelenten-Weibchen,mru/Schnatter-ente); Roger Tidman (gor, mro, mro/ Schellente); Mike Lane (mlo, mu, ur); Chris Gomersall (mlu). **Dreamstime.com:** Birdiegal717 (ml). **Shutterstock.com:** Alex Cooper Photography (mru). **135 Dorling Kindersley:** Chris Gomersall Photography (ul); Mike Lane (mo); David Cottridge (mro); Steve Young (mru). **Dreamstime.com:** Miroslav Hlavko (mu); Isselee (ur). **136 Alamy Stock Photo:** FLPA. **137 Dreamstime.com:** Irina Poleshikova (mru); Vladimir Soltys (mlu). **Shutterstock.com:** Heliosphile (mu). **138 Dorling Kindersley:** Chris Gomersall Photography (mo); Roger Tidman (mro, mu); Mike Lane (ul); Chris Gomersall (mu/Grauammer); David Tipling (mru). **Dreamstime.com:** Wildlife World (ml). **139 Dorling Kindersley:** Chris Gomersall Photography (mu, ur); George McCarthy (gol, gom); Chris Knights (gor); Mark Hamblin (mo); Roger Wilmshurst (mlo); Mike Lane (mu/Möwe, ul). **Dreamstime.com:** Daviesjk (mro); Mikelane45 (mlu). **Getty Images / iStock:** bazilfoto (Neuntöter); GlobalP (ur). **140 Dreamstime.com:** Steve Byland (mu); Kostya Pazyuk (mru). **Getty Images / iStock:** Ian Newell (mlu). **141 Getty Images:** Lillian King. **142 123RF.com:** Piotr Krzelak (mru). **Dorling Kindersley:** Mark Hamblin (mr, mu, mo); Roger Tidman (gol); Mikelane45 (gor); Windrush Photos / David Tipling (mlo); Roger Wilmshurst (mro). **Dreamstime.com:** Henkbogaard (ml). **Getty Images / iStock:** Andyworks (gom). **143 Dorling Kindersley:** Melvin Grey (mru); Roger Tidman (gol, gom); Steve Young (mro); Markus Varesvuo (ml); Mike Lane (mlu, mu). **Dreamstime.com:** Vasyl Helevachuk (mru/Zeisig); Paul Reeves (mo); Wildlife World (mlu/ Fliegenschnäpper, um). **144–145 Alamy Stock Photo:** Nature Picture Library (u). **145 Alamy Stock Photo:** wonderful-Earth.net (gom). **Dreamstime.com:** Mikelane45 (gol). **naturepl.com:** Alan Williams (gor). **146 Dorling Kindersley:** Chris Gomersall Photography (mlu/Braunkehlchen); David Cottridge (gol); Steve Young (gom); Mike Lane (mro, mlu); Roger Wilmshurst (m); Roger Tidman (ml); Mark Hamblin (um). **Dreamstime.com:** Antonio Guillem (mru); Vasyl Helevachuk (mo); Martin Pelanek (mru/Schwarzkehlchen). **147 Dorling Kindersley:** David Cottridge (ml); Mark Hamblin (mro); Markus Varesvuo (m); Roger Tidman (mr); Mike Dunning (ur). **Dreamstime.com:** Natalia Bubochkina (um); Jarek2313 (mlo). **148 Alamy Stock Photo:** Kit Day (mu); Andrew Parkinson (mru). **Shutterstock.com:** WildMedia (mlu). **149 Alamy Stock Photo:** imageBROKER / Bernd Zoller. **150 Alamy Stock Photo:** Wildscotphotos (ur). **Dorling Kindersley:** Chris Gomersall Photography (mru); Philip Newman (mu); Hanne Eriksen / Jens Eriksen (mlu); Mike Lane (mr); Windrush Photos / David Tipling (mro). **Dreamstime.com:** Agami Photo Agency (mru/Ringdrossel); Outdoorsman. **Getty Images / iStock:** Marc Guyt (gom). **151 Dorling Kindersley:** Chris Gomersall Photography (um); Roger Tidman (gol); Mark Hamblin (ml); Mike Lane (mr, mu, mru); David Cottridge (ul); Chris Gomersall (mru/Alpenschneehuhn). **Getty Images / iStock:** bazilfoto (mu); JMrocek (gor).

Cover
Vorn: Shutterstock.com: JamesManningPhotography
Hinten: Getty Images: Ian Billenness / 500px (ol), Gary Chalker (or), Ian.CuiYi (ul), J N Photography (ur), Michael Roberts (ogl), Lee Wilkinson / 500px (ogr)
Buchrücken: Getty Images / iStock: David O'Brien
Alle anderen Abbildungen © Dorling Kindersley

Noch mehr Spaß und Lesefreude

ISBN 978-3-8310-3229-7

ISBN 978-3-8310-4158-9

ISBN 978-3-8310-4277-7

ISBN 978-3-8310-4848-9

DK

www.dk-verlag.de